ullstein

Das Buch

Dieses Buch soll eine Lanze für das wohl unbeliebteste Schulfach brechen. Richtig betrachtet, ist Physik nämlich gar nicht kompliziert, abstrakt und unverständlich – das ist Mathe! Physik ist unterhaltsam und beantwortet die brennenden Fragen der Menschheit: Warum schäumen Bierflaschen spontan über? Was hat ein Moshpit mit Thermodynamik zu tun? Wie gewinnt man ein russisches Dosenroulette ... und warum sollte man das wollen? Kommt einfach mit in die Kölner Straße 13 a und begleitet Yuri, Mattes, Inge, Tom und mich bei einem chaotischen Silvester-Dosenbier-Punkrockabend aus der Sicht der Physik.

Der Autor

Reinhard Remfort, Mitbewohner, Biertrinker, Katzenpapa, Physiker, experimentiert an der Universität Duisburg-Essen für seine Doktorarbeit zum Thema Epitaxie hochreiner Diamantschichten zur Untersuchung oberflächennaher NV-Störstellen. Zum Spaß ist er deutscher Science-Slam-Meister 2013, die Hälfte des Wissenschaftspodcasts *methodisch inkorrekt!*, reist für die PopUp Tour des Goethe-Instituts nach Mexiko, macht gelegentlich Beiträge für Fernsehen und Hörfunk und noch einen Haufen anderen Kram, der ihm spontan leider nie einfällt.

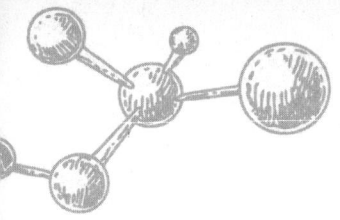

Reinhard Remfort

Methodisch korrektes Biertrinken

... und weitere Erkenntnisse aus einer Nacht mit Physik

$$\frac{d\,🍺(t)}{dt} = -\lambda \cdot 🍺(t).$$

Deutscher Science-Slam-Sieger

Ullstein

Besuchen Sie uns im Internet:
www.ullstein-taschenbuch.de

Originalausgabe im Ullstein Taschenbuch
1. Auflage Juni 2017
2. Auflage 2017
© Ullstein Buchverlage GmbH, Berlin 2017
Umschlaggestaltung und Titelabbildung: semper smile, München
Autorenfoto: © privat
Zeichnungen im Innenteil: © Reinhard Remfort
Satz: KompetenzCenter, Mönchengladbach
Gesetzt aus der Minion
Druck und Bindearbeiten: CPI books GmbH, Leck
ISBN 978-3-548-37587-8

Für Papa,

mit dessen Schreibmaschine

ich als Kind spielen durfte.

Inhalt

In eigener Sache – Dispersion

Das Wort »Physik« weckt bei den meisten lediglich Erinnerungen an ein staubiges Klassenzimmer, einen überengagierten kauzigen Lehrer, Experimente, die nie funktionieren, kryptische Formeln, die niemand versteht, und an eine Mischung aus nackter Angst und unendlicher Langeweile. Ich aber denke bei diesem Wort an eine kleine grauhaarige Dame und klebrige Schokoladenbonbons. Das Interesse an Naturwissenschaften im Allgemeinen und an Physik im Besonderen habe ich nämlich meiner Oma zu verdanken. Und das, obwohl die Gute von Naturwissenschaften in etwa so viel Ahnung hatte wie das Krümelmonster von der Ernährungspyramide. Trotzdem ist sie dafür verantwortlich, dass aus mir ein Physiker geworden ist.

Angefangen hat das Ganze auf dem Helenenfriedhof, Feld 13, Reihe 5, Grab 4, in Essen-Altendorf. Hier ruht sie nämlich, Oma Josefine, seit gut einem Vierteljahrhundert unter Stiefmütterchen, zusammen mit meinen Urgroßeltern. Als Oma noch lebte, war ich fast jeden Sonntag bei ihr, habe mit ihr ferngesehen und Storck Riesen gefuttert.

Diese kleinen braunen, mit Schokolade getarnten Plombenzieher, die meine Oma trotz eines strikten Süßkram-Verbots ihres Hausarztes in großen Mengen vertilgte. Meine Oma hatte schließlich den Zweiten Weltkrieg überlebt, was sollten da ein paar Bonbons schon groß anrichten?

Nachdem meine Oma das Zeitliche gesegnet hatte, nahm meine Mutter mich häufig mit auf den Friedhof, um sie und meine anderen längst verstorbenen Verwandten zu besuchen und deren Gräber pflichtbewusst, wie es sich für einen guten Katholiken gehört, mit neuen Blumen und Kerzen zu versehen. Meine Mutter hat diesen Akt christlicher Gartenarbeit immer damit begründet, dass Oma, nur weil sie tot sei, noch lange nicht allein im Dunkeln liegen müsse. Wie ihr euch sicher vorstellen könnt, war es für meine Mutter nicht gerade leicht, einen gameboy- und fernsehverwöhnten Jungen an seinem schulfreien Tag an die frische Luft und dann auch noch auf den Friedhof zu zerren, und ihm das auch noch als Unterhaltung zu verkaufen.

An dieser Stelle kam meiner Mutter der gute deutsche Ordnungszwang zu Hilfe, der selbst vor Gottes heiligem Acker nicht haltmacht: Der Helenenfriedhof ist, wie wohl fast jeder Friedhof in Deutschland, wie am Reißbrett entworfen und fein säuberlich in Felder, Reihen und Gräber aufgeteilt. In dieser Hinsicht ist ein Friedhof ähnlich wie ein Kleingartenverein, nur, dass nicht jeden Samstag gegrillt und der Boden mit den eigenen Angehörigen gedüngt wird. Der Ordnungszwang dieses »Friedhofvereins« hatte zur Folge, dass an den Rändern des Weges an fast jeder Abbiegung und Kreuzung kleine Tafeln mit Zahlen aufgestellt waren, um die Gräber mit ihren entsprechenden Koordinaten zu versehen. An diesen endlosen Sonntagen ohne Grillwurst auf dem Friedhof beschäftigte meine Mutter mich damit, mir die Zahlen auf den Steinen beizubringen, und später dann die Zahlen entlang unseres Weges zu addieren, zu subtrahieren oder zu multiplizieren. Irgendwo habe ich gehört, dass es unter Gedächtniskünstlern eine weitverbreitete Technik ist, sich Zahlenfolgen anhand eines imaginären Weges einzuprägen. Wie dem auch sei, ich habe diesem Umstand auf jeden Fall zu verdanken, dass ich die Grundrechenarten beherrschte, bevor ich meinen eigenen Namen lesen oder schreiben konnte und auch heute noch die Jahreszahlen auf den Grabsteinen addiere, wenn ich über einen Friedhof spaziere.

Durch diese seltsame Verbindung von Tod, frischer Luft und Mathematik ist mir jedenfalls früh klargeworden, dass man etwas Abstraktes am besten lernt, wenn man es mit etwas ganz Alltäglichem oder mit einem Bild in Verbindung bringt, vollkommen egal, wie trostlos, morbide oder unpassend es auch sein mag. Vielleicht war es aber auch einfach nur der Mangel an Alternativen auf dem Friedhof, der die Mathematik für mich in ein anderes Licht tauchte. Wahrscheinlich war es am Ende eine Mischung aus beidem.

Das Fundament meiner naturwissenschaftlichen Ausbildung hatte meine Mutter also schon früh gegossen, und wie so viele Menschen verbinde ich nun seit frühster Kindheit Mathematik mit Tod und Verderben ... nur etwas anders als die meisten. Danke, Mama!

Mathematik ist zwar für ein grundlegendes naturwissen-schaftliches Verständnis sehr hilfreich und irgendwann auch nötig, mein Friedhofsflirt mit den Zahlen war aller-dings nicht der ausschlaggebende Grund, warum ich bei den Naturwissenschaften gelandet bin. In die Arme der Physik getrieben hat mich ein magischer Moment. Wie schon gesagt, ist meine Oma an allem schuld oder genauer gesagt, die schicke neue Grablampe, die wir ihr irgend-wann kauften, damit sie, wie meine Mutter immer wieder betonte, auch nachts nicht im Dunkeln liegen müsse. Es handelte sich dabei um eines dieser Standardmodelle aus Bronze, die so klangvolle Namen wie »Grablaterne Avila« oder »Leuchte Ewiges Licht« tragen. Auf einem Steinsockel ruhend, mit kleinen Glasscheiben an allen vier Seiten-wänden, einer quietschenden Tür und Verzierungen, die entweder von einer katholischen Kindergartengruppe ent-worfen oder von einem von Arbeitslosigkeit bedrohten Designstudenten unter Protest angefertigt worden waren. Das Besondere an der Lampe meiner Oma war nicht ihr Name oder das Material, es war die Form der Glasschei-ben. Um die Lampe noch schöner und dabei nur ein wenig kitschiger wirken zu lassen, waren die rechteckigen Schei-ben an den Kanten jeder Seite in einem etwa 60-Grad-Winkel angeschliffen worden. Der Marketingleiter für Friedhofsequipment hatte das dann mit dem Wort »facet-tiert« umschrieben. Man kann sich die Form in etwa so vorstellen wie ein Stück Toblerone, auf halber Höhe abge-bissen und dann auf die Seite gelegt. Etwas vergrößert sieht ein Ausschnitt in der Seitenansicht so aus:

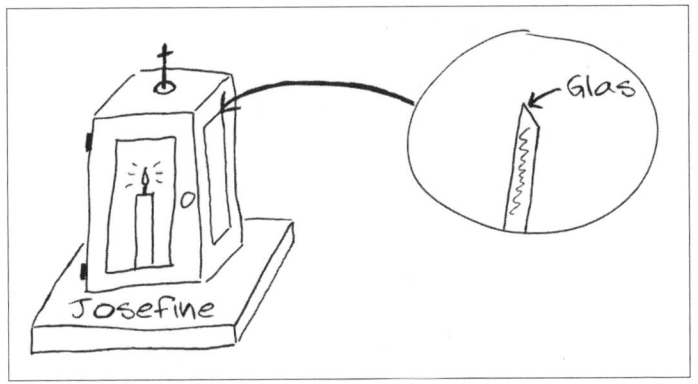

Die Grablampe meiner lieben Oma Josefine, der ich meinen
beruflichen Werdegang zu verdanken habe. Rechts in der Vergrößerung
seht ihr den »facettierten« Schliff der Seitenscheiben.

Dieser simple Modeschliff, der wahrscheinlich der letzte
Akt der Rebellion des verzweifelten Designstudenten ge-
wesen ist, hatte weitreichende Folgen für den Rest meines
Lebens …

An einem winterlichen Sonntagmorgen war ich wieder
mit meiner Mutter auf dem Weg zum Grab meiner Oma,
um neue Blumen zu pflanzen und den Drei-Tage-Brenner
(auch wenn es sich so anhört, ist das keine Geschlechts-
krankheit, sondern eine besondere Art von Friedhofskerze)
in der Grablampe auszutauschen. Als ich wie üblich mehr
oder weniger fröhlich vor mich hin addierend und multi-
plizierend durch die Reihen aus Tod und Verfall tanzte,
bemerkte ich plötzlich, dass das Grab meiner Oma an diesem Morgen irgendwie anders aussah als sonst. Die winter-
liche Sonne hatte es in ein wahres Farbenmeer getaucht.

Ausgehend von der neuen Lampe, ergoss sich ein Regenbogen über die alten, leicht welken Blumen und verlieh der sonst recht trostlos wirkenden Szenerie einen bunten Anstrich. Ich hatte damals nicht den Hauch einer Ahnung, was da genau vor sich ging, aber die Erklärung meiner Mutter, »den Regenbogen hat der liebe Gott gemacht, weil Oma sich freut, dass wir sie besuchen«, klang für mich, nach zehn Jahren katholischer Erziehung, durchaus plausibel. Auch wenn ich nach wie vor die Vorstellung, dass der liebe Gott den Regenbogen auf das Grab gezaubert hat, sehr mag, hege ich inzwischen doch berechtigte Zweifel an dieser Version der Geschichte. Für deutlich wahrscheinlicher halte ich es heute, dass einzelne Anteile des Lichts aufgrund der Dispersion der Phasengeschwindigkeit im angeschliffenen Glas der Grablampe unterschiedlich stark gebrochen wurden, wodurch es je nach Winkel in seine spektralen Anteile zerlegt wurde. Zugegeben, nicht nur für einen Zehnjährigen klingt die Version mit Gott und dem Regenbogen deutlich zugänglicher als die Sache mit der Dispersion. Vermeidet man aber die Fachbegriffe und erklärt das Ganze etwas vereinfacht mit anschaulichen Bildern, dann ist die physikalisch wahrscheinlichere Theorie auch nicht viel komplizierter als die Version mit dem gutmütigen Rauschebart im Himmel.

Das Physikstudium liegt am Ende des Regenbogens

Schauen wir uns genauer an, was an diesem magischen Wintermorgen am Grab meiner Oma passiert ist:

Durch die im Winter häufig tiefstehende Sonne traf das Sonnenlicht an diesem Morgen in einem sehr flachen Winkel auf die Grablampe meiner Oma. Die meisten von uns würden das Licht, das von der Sonne kommt, aber als rein weißes Licht beschreiben. Woher kamen aber die Farben, die ich als Kind sah?

Die im ersten Moment wahrscheinlich erstaunliche Wahrheit ist, dass es »weißes« Licht (also Weiß als Farbe) gar nicht gibt. Das, was wir allgemein als weißes Licht wahrnehmen, ist eine Mischung aus verschiedenen Farben. Diese sogenannte additive Farbmischung fällt uns nur nicht auf, weil unser Auge die Überlagerung von blauem, grünem und rotem Licht entsprechender Intensität als Weiß interpretiert. Das könnt ihr nachvollziehen, wenn ihr euch euer Handy- oder Computerdisplay mit einer Lupe anseht: Das, was auf den ersten Blick wie Weiß erscheint, ist nur eine Mischung aus roten, grünen und blauen Pixeln.

Der Grund dafür ist, dass unser Auge nur drei Arten von farbempfindlichen Zellen besitzt. Jede dieser drei Zellarten ist dabei auf einen bestimmten Bereich des sichtbaren Spektrums spezialisiert. Die einen Zellen erkennen am besten Licht aus dem roten Bereich, die anderen aus dem blauen und die letzten aus dem grünen. Werden alle drei Zellarten gleichzeitig mit gewisser Intensität stimuliert und melden ans Gehirn »Hey, Alter, da is was!«, dann macht unser Gehirn daraus die Farbe Weiß.

Das im Malen mit Fingerfarben und Buntstiften geübte Kind wird an dieser Stelle einwerfen, dass das so ja nicht stimmt, denn egal, wie viele verschiedene Farben es auf der neuen Tapete im Wohnzimmer zusammenmischt, es kommt einfach kein Weiß dabei heraus, sondern höchstens Braun! Was schlicht daran liegt, dass hier keine additive, sondern eine subtraktive Farbmischung stattfindet. Warum das so ist und worin genau der Unterschied besteht, erkläre ich in einem späteren Kapitel.

Wichtig für das Farbwunder auf dem Grab meiner Oma ist im Moment nur, dass es Weiß als Farbe nicht gibt, sondern sie durch die Überlagerung verschiedener Farben in unserem Kopf entsteht. Die Grablampe hat es irgendwie geschafft, die Farben zu entmischen und einzeln für unser Auge sichtbar zu machen. Die ausschlaggebende Frage ist: Wie?

An dieser Stelle kommt die sogenannte »Dispersion der Phasengeschwindigkeit« ins Spiel. Einfacher ausgedrückt: Licht unterschiedlicher Farbe breitet sich nicht überall gleich schnell aus. Zwar reden die Physiker immer von einer universellen Konstanten, wenn es um die Lichtgeschwindigkeit geht, aber gemeint ist damit immer die Lichtgeschwindigkeit im Vakuum, und die beträgt auch tatsächlich genau 299.792.458 Meter pro Sekunde, und zwar immer und für jede Farbe. In einem Medium wie Luft, Glas oder Plastik sieht das Ganze aber vollkommen anders aus, hier ist die Lichtgeschwindigkeit langsamer und zusätzlich auch noch von der jeweiligen Farbe abhängig. In gewöhnlichem Glas zum Beispiel ist rotes Licht langsamer als blaues Licht. Und genau diese unterschiedlichen Geschwindigkeiten je nach Farbe bezeichnet man als »Dispersion«.

Die von Farbe und Material abhängige Lichtgeschwindigkeit hat nun weitreichende Folgen. Wir stellen uns einen weißen bzw. bunten Lichtstrahl vor, der leicht schräg auf ein Stück Glas trifft. So ein Lichtstrahl hat auch immer eine gewisse Breite, d. h., ein Teil von ihm trifft früher auf das Glas als ein anderer. Wenn aber ein Teil des Strahls früher auf das Glas trifft, heißt das auch, dass dieser Teil früher ausgebremst wird als der Teil des Lichtstrahls, der sich noch in der Luft befindet. Die Folge ist, dass der Lichtstrahl im Glas zum Lot hin gebrochen wird. Das kann man sich so vorstellen wie einen Fahrradfahrer, der sich bei voller Fahrt geradeaus mit seiner rechten ausgestreckten Hand an einer Laterne festhält. Dadurch, dass seine rechte Seite plötzlich stark abgebremst wird, biegt der Radfahrer auch unweigerlich nach rechts ab.

Beim Austritt aus dem Glas, also wieder zurück an die Luft, passiert das Ganze noch einmal, nur genau umgekehrt: Der Teil des Lichtstrahls, der zuerst das Glas wieder verlässt, ist schneller als der andere Teil, so dass der Strahl vom Lot weggebrochen wird.

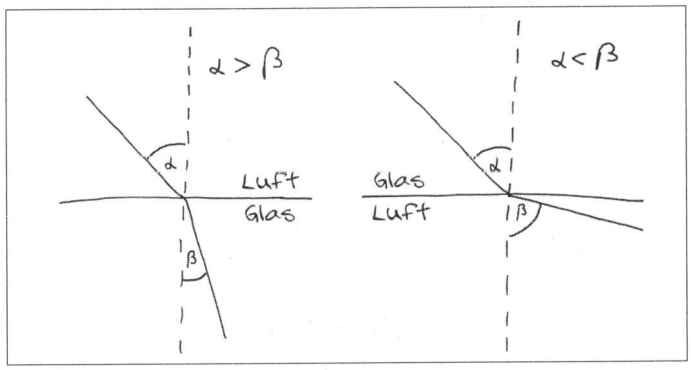

Da es sich bei Glas um ein optisch dichteres Medium als Luft handelt, wird Licht beim Übergang von Luft zu Glas zum Lot hin gebrochen und beim Übergang von Glas zu Luft vom Lot weg.

Dadurch, dass die Lichtgeschwindigkeit für alle Farben in dem Glas unterschiedlich ist, wird jede Farbe beim Übergang von Glas zu Luft bzw. von Luft zu Glas ein klein wenig anders abgelenkt und dadurch aufgefächert. Bei einer glatten, dünnen Glasscheibe (z. B. bei einer einfachen Fensterscheibe) kann man diesen Effekt leider nicht beobachten, da die Oberflächen (Vorder- und Rückseite) der Glasscheibe genau parallel zueinander sind und daher die Winkel des Lichts beim Ein- und Austritt aus der Glasscheibe genau so verlaufen, dass das Licht, das beim Eintritt in die Scheibe aufgefächert wurde, beim Austritt wieder ebenso zusammenfällt.

Genau hier kommt der Modeschliff der Grablampe zum Tragen. Durch den 60-Grad-Winkel-Schliff der Kanten der Scheiben unterscheiden sich die Winkel beim Ein- und Austritt des Lichts aus der Glasscheibe, und die verschiedenen Farben fallen nicht mehr zusammen, sondern werden im Idealfall sogar noch weiter aufgefächert.

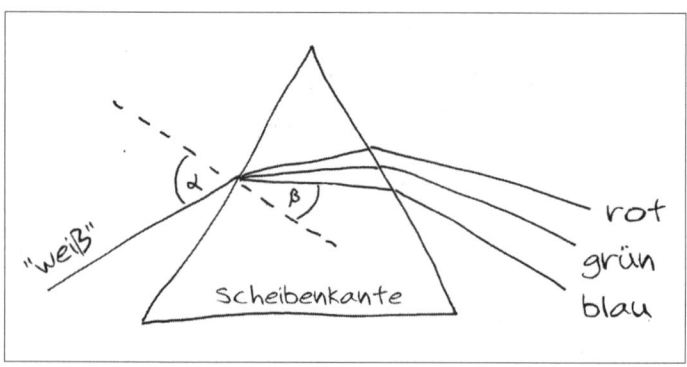

Durch die unterschiedlichen Lichtgeschwindigkeiten der verschiedenen Farben wird das »weiße« Licht in seine Bestandteile zerlegt.

Obwohl ich das alles damals noch nicht wusste, habe ich an diesem Tag angefangen, mich dafür zu interessieren, wie und warum die Welt funktioniert, wie sie funktioniert.

Gestählt durch die mathelastigen Jahre meiner Kindheit bei den toten Verwandten und durch ein gesundes Interesse an lebensbejahenden Dingen wie Tetris und dem *Krieg der Sterne*, wurde aus mir ein Teenager, der sich fragte, ob die imperialen Sturmtruppen nur eine konsequente Weiterentwicklung der Föderation der Planeten waren und Yoda vielleicht der letzte überlebende Urenkel von Mr. Spock. Kurz gesagt: ein Bilderbuch-Nerd, der damals wahrscheinlich auch zu einem alten weißhaarigen Mann in den Lieferwagen gestiegen wäre, wenn dieser ihm nur glaubhaft versichert hätte, er müsse zurück in die Zukunft, um seine zukünftigen Kinder zu retten.

Die unausweichliche, aber logische Konsequenz meiner Jugend war das Physikstudium. Wer jetzt glaubt, dass ich mein Studium im Schnelldurchgang und mit Bestnoten absolviert habe, der irrt leider gewaltig. Ich habe es zwar geschafft, mich durch Höhere Mathematik und Theoretische Physik 1 bis 5 zu kämpfen, aber geglänzt habe ich dabei nicht. Eine Sache, die ich mir aber trotz des ganzen Frusts bewahrt habe, ist die Herangehensweise, mir alles, selbst die kompliziertesten physikalischen Zusammenhänge, in möglichst einfachen und einprägsamen Bildern oder Situationen vorzustellen und damit einen möglichst einfachen Zugang zu den oft recht komplizierten Problemstellungen zu bekommen. Dabei ist natürlich nicht immer alles hundertprozentig korrekt, und dem ein oder anderen Mathematiker, Physiker, Chemiker und Biologen würde bei diesen Vereinfachungen das Herz bluten, aber es reicht meist, um viele Phänomene zu erklären und die grundlegenden physikalischen Prinzipien hinter den Dingen zu verstehen. Vor allem ist es super, wenn man seiner Mutter oder Freunden auf einer Party erklären möchte, was man als Physiker eigentlich den ganzen lieben langen Tag so treibt im Labor.

In diesem Buch möchte ich genau das tun: Ich werde euch zeigen, dass Physik trotz ihres massiven und teilweise berechtigten Imageproblems häufig auch unterhaltsam und in wirklich jedermanns Alltag hilfreich sein kann. Nehmen wir als Beispiel doch eine typische Studenten-WG-Silvesterparty und betrachten sie mit einer Prise Naturwissenschaft.

Der Rachefeldzug –
Beer tapping

WG-Küche: 18.00 Uhr

Die Silvesterparty, von der ich euch erzählen möchte, fing eigentlich an wie jede unserer WG-Partys. Wir verbrachten den Vormittag damit, große Mengen an Pfandflaschen für schlechte Zeiten in den Keller zu schaffen, riesige Berge von alten Pizzaschachteln ins Altpapier zu befördern und dem Kater, als Vorbereitung beziehungsweise vorzeitige Wiedergutmachung für das, was in den nächsten Stunden kommen würde, eine halbe Dose Thunfisch hinzustellen. Da wir bis zum Eintreffen der ersten Gäste noch etwas Zeit hatten, googelte ich an meinem Rechner vorsorglich die Paragraphen des BGB und StGB bezüglich Ruhestörung und Erregung öffentlichen Ärgernisses, als ich an einer meiner Zimmerwände einen dumpfen Schlag vernahm. Dem Schlag folgten Flüche, Drohungen, Beleidigungen und die Kündigung einer Freundschaft. Wären Vorkommnisse solcher Art in der Kölner Straße 13a in den letzten drei Jahren nicht an der Tagesordnung gewesen, wäre ich vielleicht beunruhigt aufgestanden, um nach dem Rechten zu sehen. Wenige Minuten später hörte ich aber schon wieder die vertrauten, freundschaftlichen Sticheleien und Vorwürfe einer typischen FIFA-Partie. Mattes, einer unserer Nachbarn, war offenbar schon eingetroffen und hatte meinen Mitbewohner Tom zu einer weiteren Partie in ihrem gefühlt nie endenden Kampf auf dem virtuellen Rasen herausgefordert. Ich glaube, in den frühen Stunden dieses Silvesterabends führte Mattes die ewige Tabelle mit 174 Siegen an und war damit fast uneinholbar geworden. Viel wichtiger als der Tabellenplatz war daher das Einzelergebnis der letzten Woche, denn hier lag Mattes mit acht Siegen nur sehr knapp, um genau zu sein nur einen Sieg, hinter Tom.

Begonnen hatte diese Auseinandersetzung vor fast genau drei Jahren, kurz nachdem Mattes mit seiner englischen Bulldogge Wilhelm in die große Wohnung über uns eingezogen war. Als der riesige, gutmütige Hund eines Tages in unserer Küche gestanden und den Kater in Angst und Schrecken versetzt hatte, kam Mattes hinterhergestolpert – und ist seitdem eigentlich nie wieder gegangen.

Genau wie sein Hund ist auch Mattes gebürtiger Brite, der aber nach einer kurzen Jugend im Land von Sperrstunde und Tea time im Ruhrpott sozialisiert wurde. Seine britischen Wurzeln erkennt man im Grunde nur noch an ein paar Marotten, die er einfach nicht losgeworden ist oder vielleicht auch gar nicht loswerden wollte. Neben seiner glühenden, fast fanatischen Verehrung einiger britischer Fußballclubs und der Queen sind die auffälligsten

sein Trinkverhalten und die Vorliebe für kleines, staub-
trockenes Gebäck.

Mattes' Trinkverhalten lässt sich am besten als das eines
Binärtrinkers beschreiben und erinnert stark an die längst
vergangenen Tage, in denen man, kurz bevor die Glocke in
der Kneipe die letzte Runde einläutete, noch alles, was
auch nur im Entferntesten nach Alkohol aussah, in sich
hineinschüttete. Auch, wenn die Sperrstunde schon lange
abgeschafft worden ist, schafft es Mattes trotzdem, auf
jeder Party nur zwei diskrete Zustände einzunehmen: Er
ist stocknüchtern, bis irgendwann vollkommen unvermit-
telt seine innere Glocke zur letzten Runde läutet und er
von einem auf den anderen Moment so betrunken wirkt,
dass er selbst David Hasselhoff und Harald Juhnke harte
Konkurrenz macht. Auch, wenn ihn jeder von uns nach so
einer Party schon eine Etage nach oben in seine Wohnung,
oder sogar den weiten Weg nach Hause schleppen musste,
weil ihn kein Taxi mehr mitnehmen wollte, war ihm selten jemand besonders lange böse. Grund hierfür ist eine
andere seiner seltsamen Angewohnheiten, die jeder in
unserem Haus zu schätzen weiß. Mattes selbst nennt diese
Angewohnheit »Backen mit Hass«. Hinter dieser leicht
brachial wirkenden Bezeichnung verbirgt sich nichts anderes als die Tatsache, dass Mattes seit frühester Kindheit an
Schlafstörungen leidet und seine Nächte allzu oft schlecht-
gelaunt mit den Wiederholungen nachmittäglicher Koch-
und Backshows verbrachte. Folge dieser vielen, fast schlaf-
losen schlechtgelaunten Nächte ist, dass Mattes seine
Back- und Konditorkünste zu einer Perfektion getrieben
hat, die keiner von einem über und über tätowierten eng-

lischen Buchhalter erwarten würde. Hatte Mattes mal wieder seine innere Sperrstunde überschritten, trug ihn jeder von uns gern heim, wussten wir doch, dass am nächsten Tag eine kleine Auswahl an Törtchen vor unserer Wohnungstür liegen würde. Zwar wird Engländern gerade beim Essen schlechter Geschmack nachgesagt, aber in den Jahren nach meiner WG-Zeit habe ich nie wieder auch nur vergleichbares Gebäck verköstigen dürfen.

Ein kurzes grummeliges »'tschuldigung, mir is der Controller aus der Hand gerutscht« bestätigte meinen ersten Verdacht, dass es sich bei dem dumpfen Geräusch aus der Küche um einen unserer PS3-Controller gehandelt haben musste, der mit voller Wucht gegen die Wand geschlagen worden war. Tom kannte ich zu dieser Zeit schon mein halbes Leben lang und wusste, dass den bärtigen, glatzköpfigen Religionslehrer eigentlich nichts so leicht aus der Fassung bringen konnte, es sei denn, es handelte sich um eine Partie FIFA gegen Mattes – da konnte schon mal so ein Controller quer durch die Küche fliegen.

Die inoffiziellen FIFA-Regeln für Männer-WGs besagen übrigens unter anderem: »Der Verlierer der aktuellen Partie holt die nächste Runde Bier aus dem Kühlschrank« und natürlich: »Zu null kost' nen Kasten!«. Abgesehen von diesen allseits bekannten und im Ruhrpott mit der Muttermilch aufgesogenen Regeln, gab es in unserer WG noch das ungeschriebene Gesetz, dass derjenige, der in einer Woche als Erster zehn Spiele für sich entscheiden konnte, bei der Wahl des Lieferdienstes für den Abend des zehnten Sieges das letzte Wort hatte. Da sich Mattes in den letzten zwei Stunden diesem Ziel, trotz Toms ursprünglichem

Vorsprung, wohl mit riesigen Schritten genähert hatte, lief Tom wortwörtlich auf dem Zahnfleisch. Der verkappte Engländer liebte Fleisch und entschied sich daher fast immer für das griechische Gyrostaxi, mit dem Tom als Vegetarier herzlich wenig anfangen konnte. Beim Gyros-Hermes hatte er die Auswahl zwischen sage und schreibe drei Gerichten, von denen wir uns bei zweien bis heute nicht sicher sind, ob sie auch in der Realität außerhalb einer griechischen Grillstube als vegetarisch anzusehen sind.

Sowohl der obligatorische Controllerwechsel nach fünf Spielen als auch der Wechsel von der englischen Premier League in die deutsche Bundesliga hatten für Tom offenbar keine Besserung gebracht, und der Silberstreif am Fastfood-Horizont wich langsam der traurigen Gewissheit, bis heute Nacht wieder nur Pommes mit Tsatziki in den Magen zu bekommen. Eine knappe halbe Stunde später hörte ich aus der Küche Mattes plötzlich laut jubeln und, wahrscheinlich stramm vor dem Sofa stehend, die britische Nationalhymne anstimmen. Ich wartete daher auf einen weiteren dumpfen Schlag gegen die dünne Wand, die mein Zimmer von der Wohnküche trennte, und mein Mauszeiger schwebte schon über dem One-Click-Kaufen-Button eines PS3-Ersatzcontrollers, als ... nichts weiter passierte. Auch einige Minuten später, als Mattes schon lange wieder verstummt war, blieb es seltsam ruhig – und jetzt *fing* ich an, mir ernsthafte Sorgen zu machen. Ich kannte Tom einfach viel zu gut, um ihm den fairen Verlierer abzunehmen, schon gar nicht, wenn Mattes nur noch einen weiteren Sieg davon entfernt war, Tom mit seiner Entscheidung in die vegetarische Wüste zu schicken. Abgesehen von diesem offensichtlichen Interessenkonflikt bezüglich des Speiseplans, weiß jeder, der schon einmal in einer kleinen WG-Runde FIFA gespielt hat, dass es bei den beiden um mehr ging als nur um die schnöde Wahl des Lieferservices für den Abend. Wenn es jemals so etwas wie »Killerspiele« wirklich gegeben haben sollte, dann war nicht »Wolfenstein 3D« sondern »FIFA 93« die Keimzelle computergestützter Gewaltverherrlichung! FIFA in einer Männer-WG ist kein Spaß, FIFA ist Krieg und das »schnelle Spiel« eine virtuelle Schlacht in einem Meer aus Bierschaum, Fettfingern und verletztem Stolz.

Beunruhigt durch die langanhaltende Stille, entschloss ich mich also, doch lieber nach dem Rechten zu sehen. Ich betrat die Wohnküche genau in dem Moment, als Tom, frei nach der christlichen Devise »Auge um Auge, Zahn um Zahn«, für die verlorenen Spiele der letzten Stunden und die vielen Abende, an denen er Hunger hatte leiden müssen, seinen klebrigen Rachefeldzug antrat. Als Verlierer der letzten Partie war er direkt nach dem Schlusspfiff, der nicht nur in seinen Ohren, sondern auch in seinem Magen hatte schmerzen müssen, langsam von der Couch aufgestanden, hatte seinen Controller vorsichtig auf den Küchentisch gelegt und schlurfte Richtung Kühlschrank. Dort angekommen, nahm er zwei Bier aus dem obersten Fach und kehrte damit zurück. An dieser Stelle hätte ich schon misstrauisch werden sollen: Tom hatte ebenso wie ich lange genug in WGs gewohnt, um zu wissen, dass man kein Bier aus dem Kühlschrank nimmt, ohne neues nachzulegen, erst recht nicht, wenn der halbvolle Kasten direkt danebensteht.

Wieder am Ort seiner bitteren Niederlage angekommen, öffnete er die beiden Flaschen mit einem Feuerzeug, und mit einer fließenden, kaum sichtbaren Bewegung, wie man sie sonst nur von tüchtigen »Geschäftsleuten« in dunklen Ecken des Stadtparks oder vor Diskotheken kennt, überreichte Tom die Bierflasche an Mattes, nur, um eine Millisekunde später mit dem Boden seines Bieres auf die Öffnung der Flasche in der Siegerhand zu schlagen.

In der Sekunde, in der Mattes das helle »Klong!« des aufeinandertreffenden Glases hörte, war das Schicksal seines Bieres bereits besiegelt. Ihm blieb in diesem Moment weniger als eine Sekunde, um sich zu entscheiden, entweder einen möglichst großen Abstand zwischen sich und dem Bier zu schaffen oder es wie beim klassischen Dosenstechen in Form einer Druckbetankung über den Mund aufzunehmen. Mattes' Reflexe ließen ihm keine Wahl und nahmen ihm die Entscheidung kurzerhand ab, als sein Arm die Flasche blitzartig zum Mund führte. Nicht die beste Entscheidung, wie das aus Mattes' Nase unmittelbar hervorquellende Bier deutlich machte. Von der Menge des Schaums vollkommen überfordert, hustete Mattes wie mein Großvater nach einer Doppelschicht unter Tage, und ein Großteil des kühlen Getränks ergoss sich in Form von Schaum über Mattes' Controller und den fürs neue Jahr frisch gewischten Dielenboden unserer Küche.

Einen Lachanfall von Tom, eine halbe Küchenrolle und ein paar halbherzige Beschimpfungen später war der Spuk aber auch schon wieder vorbei, und man wählte die Mannschaften für die entscheidende Schlacht, diesmal aus der spanischen Primera Division. Oder besser gesagt, man versuchte es, denn Mattes' Controller hatte die plötzliche Bierdusche nicht unbeschadet überstanden. Aus den Schultertasten tropfte, auch nach intensivem Abtupfen, immer wieder ein kleiner Bierrest, und der linke Analogstick verweigerte alle paar Sekunden kurzzeitig seinen Dienst. Obwohl Tom versucht hatte, Mattes davon zu überzeugen, dass es sich dabei nur um ein vergleichbar kleines Handicap im Gegensatz zu seinem seit letzter Woche verstauchten Mittelfinger handeln würde, den er sich bei der Vertretung einer Sportstunde zugezogen hatte, einigte man sich darauf, das letzte entscheidende Spiel des Abends durch einen Münzwurf zu entscheiden.

Als ich kurze Zeit später wieder an meinem Rechner saß und vorsichtshalber bereits zwei Ersatzcontroller in den Warenkorb gelegt hatte, hörte ich, wie Mattes einen Grillteller für sich und für Tom Pommes mit Tsatziki bestellte …

Auch wer selbst noch nie in einen FIFA-Krieg verwickelt war oder Zeuge eines selbigen geworden ist, kennt das Phänomen der kurz nach einem Stoß auf den Flaschenhals überschäumenden Bierflasche. Sei es durch einen sinistren Freund, dessen Opfer man auf einer Party geworden ist, oder weil man sich selbst einen bösen Spaß mit jemandem gegönnt hat. Egal, ob auf einer kleinen Party oder auf einem großen Konzert, überall, wo Bier in Flaschen ausgeschenkt wird, erfreut sich dieser klassische Kneipentrick großer Beliebtheit. Auf den ersten Blick erscheint der Trick sehr simpel, bei genauerer Betrachtung der Vorgänge ergeben sich aber ein paar Fragen, die spontan gar nicht so leicht zu beantworten sind. Die offensichtlichsten sind dabei natürlich, warum das Bier überhaupt überschäumt und warum nur die untere gestoßene Flasche ihre Kohlensäure explosionsartig entlädt.

Während viele Leute bei der ersten Frage zumindest noch eine grobe Idee haben, bleiben die meisten bei der zweiten ratlos auf der Strecke. Auch, warum in der ersten Sekunde nach dem Schlag scheinbar nichts passiert und das Bier dann sehr plötzlich wie bei einem Vulkanausbruch nach oben schnellt, bleibt den meisten Menschen ein Rätsel.

Ich konnte diese Fragen jahrelang auch nicht befriedigend beantworten, da noch niemand dieses alltägliche, aber dennoch sehr komplexe Phänomen ordentlich untersucht hatte. Auf Partys konnte ich zwar mutmaßen, dass es etwas mit dem Impulsübertrag der einen Flasche auf die andere und dem gestörten instabilen Gleichgewicht der mit Kohlensäure übersättigten Lösung (dem Bier) zu tun haben musste, aber was genau der Grund für das plötzliche Überschäumen, die Verzögerung dabei und das Nichtschäumen der stoßende Flasche war, konnte ich mir nicht erklären. Das änderte sich allerdings 2014.

Das Experiment: kleiner Stoß, große Wirkung

Wahrscheinlich ebenso von den Fragen ihrer Freunde und der eigenen Neugier angetrieben, nahmen sich Javier Rodríguez-Rodríguez und Almudena Casado-Chacón von der Carlos III Universität in Madrid und Daniel Fuster von der Université Pierre et Marie Curie in Paris des Phänomens der überschäumenden Bierflasche an, um die seit Jahrzehnten im Raum stehenden Fragen um das sogenannte »Beer tapping« mit wissenschaftlichen Methoden endlich einmal hinreichend zu untersuchen. Die Ergebnisse ihrer recht aufwendigen Arbeit veröffentlichten sie im November 2014 in einem Aufsatz mit dem Titel *Physics of Beer Tapping* in der renommierten Fachzeitschrift *Physical Review Letters*, in der auch schon etliche Physik-Nobelpreisträger wie Robert Hofstadter und Leon Neil Cooper (das waren übrigens die Namensgeber für Leonard Hofstadter und Sheldon Cooper aus der beliebten Sitcom »The Big Bang Theory«) ihre Studien veröffentlicht haben.[*] Sieht man darüber hinweg, dass es sich bei der untersuchten Flüssigkeit um Bier handelt, ahnt man vielleicht schon, dass das gewonnene Wissen tatsächlich auch abseits einer feuchtfröhlichen Feier einen Mehrwert hat.

Eine der grundlegendsten Erkenntnisse der drei ist beispielsweise die, dass sich der gesamte Prozess des »Beer tapping« sehr gut in drei Phasen aufteilen lässt, in der jeweils ein anderer physikalischer Mechanismus die treibende Kraft hinter der resultierenden Sauerei ist.

---

[*] Physics of Beer Tapping; Javier Rodríguez-Rodríguez, Almudena Casado-Chacón, Daniel Fuster; Phys. Rev. Lett. Vol. 113, 214501; 2014.

Phase 1: der Blasenzusammenfall

*0,1 – 1 ms nach dem Aufeinandertreffen der
beiden Bierflaschen*

Den, im wahrsten Sinne des Wortes, Anstoß für die Kettenreaktion physikalischer Prozesse bildet das Aufschlagen der einen Bierflasche auf die andere und der damit verbundene Impulsübertrag. Im Moment des Auftreffens werden die Atome im Glas der Flaschen am Kollisionspunkt kurzzeitig zusammengedrückt, und eine kleine Druckwelle wandert mit einer Schallgeschwindigkeit, die ca. fünfzehn Mal höher ist als die in Luft, durch das Glas zum Boden der Flasche. Der Betrag, um den die Atome in der getroffenen Flasche zusammengedrückt werden, ist dabei so winzig, und das Ganze geschieht so schnell, dass wir es mit bloßem Auge nicht erkennen können. Man kann sich den Prozess in etwa so vorstellen wie bei einem Kugelstoßpendel. Zieht man eine der Kugeln zurück und lässt sie gegen die anderen stoßen, wandert der Stoßimpuls der ersten Kugel, wie in folgender Abbildung skizziert, klackend von einer Kugel zur nächsten, bis die letzte Kugel in der Reihe schließlich zur Seite schwingt und das Ganze in umgekehrter Richtung von neuem beginnt.

Ähnlich verhält es sich mit den Atomen im Glas der Flasche. Nur, dass es deutlich mehr Atome sind, als ihr euch jemals Kugelstoßpendel auf den Schreibtisch stellen könntet, die Atome strenggenommen keine Kugeln sind und im Glas auch nicht so schön ordentlich aufgereiht nebeneinanderbaumeln. Auch, wenn dies eine extrem starke Ver-

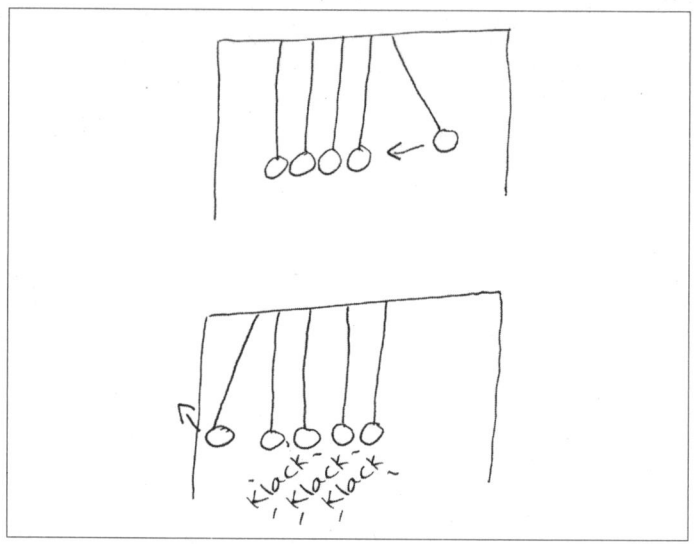

Ein Kugelstoßpendel ist nicht nur ein schönes Schreibtischspielzeug, sondern auch super, um spielerisch etwas über Impulserhaltung zu lernen.

einfachung darstellt, reicht die einfache Modellvorstellung fürs Erste vollkommen aus, um sich die Druckwelle, die durch das Glas der Flasche bis zum Boden wandert, bildlich vorzustellen. Wer es an dieser Stelle dann doch etwas genauer wissen möchte und kompliziertere Literatur nicht scheut, dem sei *Impact: The Theory and Physical Behaviour of Colliding Solids* von Werner Goldsmith wärmstens ans Herz gelegt.

Ich für meinen Teil bleibe aber vorerst bei dem einfachen Modell mit dem Kugelstoßpendel. Am Boden der Flasche angekommen, wird die Druckwelle (auch Kompressionswelle genannt), genau wie beim Kugelstoßpendel, reflektiert und läuft in die andere Richtung wieder zurück. Dabei wandert sie jedoch nicht einfach nur durch das Glas zurück, sondern überträgt sich auch auf die in der Flasche befindliche Flüssigkeit, in unserem Fall das Bier.

Einen klitzekleinen weiteren Unterschied zum Spielzeug gibt es dabei doch noch. Durch die Reflexion am Flaschenboden ist aus der ursprünglichen Kompressionswelle eine Expansionswelle geworden: Die Atome werden bei so einer Art von Welle nicht kurz zusammengedrückt, sondern stattdessen kurzzeitig auseinandergezogen.

Wir haben also bis hierher eine Kompressionswelle, die unmittelbar nach dem Stoß extrem schnell durch das Glas bis zum Boden der Flasche läuft [A], dort reflektiert wird und sich dabei in eine Expansionswelle verwandelt [B], die durch das Bier zum oberen Ende der Flasche zurückläuft [C].

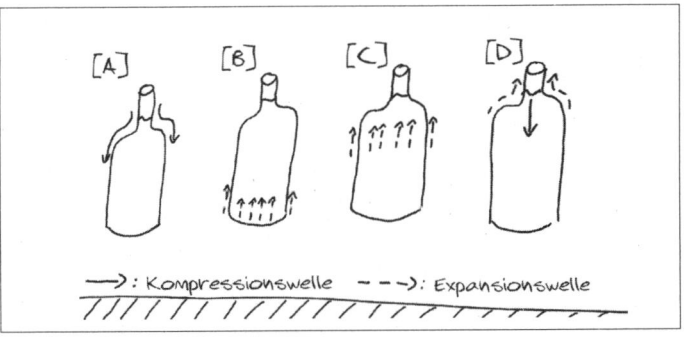

[A]: Die Kompressionswelle läuft durch das Glas zum Boden der Flasche;
[B]: die Welle wird am Boden reflektiert und wandelt sich in eine
Expansionswelle; [C]: die Expansionswelle wandert durch das Bier
zum oberen Teil der Flasche; [D]: die Welle wird wieder in eine
Kompressionswelle umgewandelt.

Oben an der Grenzfläche zwischen Bier und Luft angekommen, wird die Expansionswelle abermals reflektiert und dabei wieder in eine Kompressionswelle zurückverwandelt [D]. Diese Kompressionswelle macht sich dann erneut auf den Weg Richtung Flaschenboden, und der ganze Prozess beginnt von vorn. All das passiert in einer so enorm hohen Geschwindigkeit, dass schon innerhalb der ersten Millisekunde nach dem Aufeinandertreffen der beiden Flaschen etliche Kompressions- und Expansionswellen abwechselnd im Bier auf und ab gelaufen sind. Wenn wir uns diese hin- und herlaufenden Wellen im Bier von einem festen Ort innerhalb der Flasche ansehen, sagen wir mal, von einem knappen Zentimeter oberhalb des Flaschenbodens, dann messen wir bei jeder Kompressionswelle, die an uns vorbeiwabert, kurzzeitig einen starken Überdruck, und einen starken Unterdruck, wenn es sich um eine Expansionswelle handelt.

Genau das konnten unsere drei Wissenschaftler mit einem sogenannten Hydrophon (auch Unterwassermikrophon genannt), das sie an einer festen Stelle in der Flasche montierten, ebenfalls messen. Ein Hydrophon ist so etwas Ähnliches wie ein Mikrophon, nur, dass es nicht Druckschwankungen in der Luft, sondern Druckschwankungen unter Wasser in leicht messbare elektrische Signale umwandelt.

Die Abbildung zeigt exemplarisch genau so einen gemessenen Druckverlauf: Die erste Welle, die uns an unserem Messpunkt im Bier erreicht, ist die Expansionswelle, die am Boden der Flasche vom Glas auf die Flüssigkeit über-

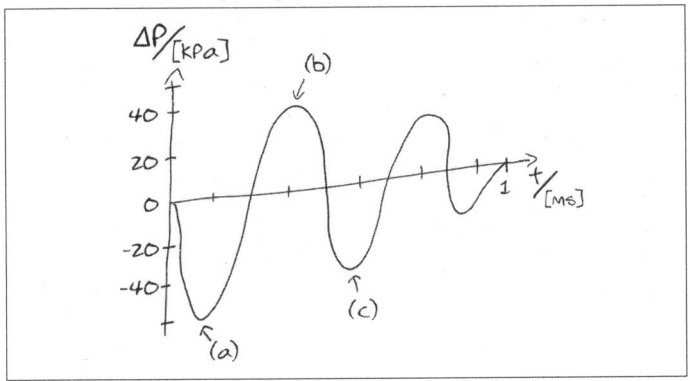

Hier sieht man, wie der Druck an einem festen Punkt im Bier innerhalb der ersten Millisekunde immer zwischen Über- und Unterdruck hin- und herschwankt.

tragen wird. Das heißt, zuerst messen wir einen starken Unterdruck (a). Anschließend wird diese Welle oben am Flüssigkeitsspiegel reflektiert und kommt als Kompressionswelle wieder zu uns zurück: Wir messen einen Überdruck (b). Danach wird die Welle abermals am Flaschenboden reflektiert und passiert uns ein weiteres Mal als Expansionswelle: Wir messen in diesem Moment wieder kurzzeitig einen Unterdruck (c). Bei jeder Reflexion wird die Welle ein klein wenig gedämpft und büßt etwas von ihrer Intensität ein, wodurch der jeweils gemessene Über- und Unterdruck von Mal zu Mal abnimmt.

Zusammengefasst lässt sich sagen, dass durch den kurzen, festen Stoß auf den Flaschenhals in der Flüssigkeit lokal starke periodische Druckschwankungen hervorgerufen werden. Für die kleinen Bläschen, die in einer frisch geöffneten Flasche eines kohlensäurehaltigen Getränks zu finden sind, haben diese Druckschwankungen dramatische Folgen. Bei jeder Expansionswelle blähen sie sich durch den gesunkenen Druck kurz auf, bei jeder Kompressionswelle werden sie zusammengequetscht. Das Ganze passiert, wie schon erwähnt, in der ersten Millisekunde etliche Male. Beobachtet man das Bier in der Flasche bei geeigneter Beleuchtung mit einer Hochgeschwindigkeitskamera, kann man an den wachsenden und wieder schrumpfenden Blasen sogar die Ausbreitung der durch den Stoß hervorgerufenen Druckwellen direkt im Bier verfolgen.

Die starken Druckschwankungen allein reichen aber noch nicht aus, damit sich ein angestoßenes Bier nach circa einer Sekunde unweigerlich in eine Schaumfontäne verwandelt. Die starken Druckschwankungen sind eher das zündelnde Kind am Pulverfass. Bei den meisten der Kohlensäurebläschen sorgen sie nämlich, oft schon mit den ersten Druckwellen, dafür, dass diese instabil werden, in sich zusammenfallen und sich dabei spontan in Tausende kleine Tochterblasen aufspalten. Genau das ist der *Point of no return* für die fast magische Verwandlung einer Flasche Bier in eine Schaumfontäne.

Phase 2: das diffusionsgetriebene Blasenwachstum
1 – 10 ms nach dem Aufeinandertreffen der beiden Bierflaschen

Durch das Auseinanderfallen in zig winzige Tochterblasen verändert jede einzelne CO_2-Blase schlagartig ihr Verhältnis von Blasenoberfläche zu Blasenvolumen. Das heißt, die unzähligen kleinen Blasen nehmen zwar immer noch in etwa das gleiche Volumen in der Flüssigkeit ein, wie es die größere Ursprungsblase tat, aber die Oberfläche (also die Grenzfläche zwischen dem CO_2 und dem Bier) dieser regelrechten Bläschenwolke ist um ein Vielfaches gewachsen. Die Folge dieser vergrößerten Grenzfläche ist, dass die vielen kleinen Blasen die Kohlensäure aus dem sie umgebenden Bier viel schneller aufnehmen können, um zu wachsen, als es die große Blase je hätte tun können. Ein einfaches theoretisches Modell zur Abschätzung der Oberfläche einer solchen Bläschenwolke und daraus resultierende Computersimulationen zur Aufnahme des CO_2 durch die Blasen haben ergeben, dass der Durchmesser der Bläschenwolke hundertmal schneller wächst als der Durchmesser der ursprünglichen CO_2-Blase. Jede einzelne der kleinen Tochterblasen nimmt dabei die Kohlensäure aus ihrer direkten Umgebung auf und wächst. Die Bläschenwolke ist also so etwas wie ein kleiner lokaler Turbo-CO_2-Sauger, der dafür sorgt, dass die im Bier gelöste Kohlensäure in der direkten Umgebung der Wolke blitzartig absorbiert wird. Diesen Prozess des von der Flüssigkeit in die Gasbläschen wandernden CO_2 nennt man auch Diffusion.

Wir haben hier also zwei Effekte, die sich gegenseitig verstärken: Je mehr CO_2 die vielen Bläschen aufnehmen, desto größer wird die Oberfläche jeder einzelnen Blase und umso mehr CO_2 kann dem Bier in einer bestimmten Zeit entzogen werden.

Wäre die Diffusion allerdings die einzige treibende Kraft in unserem Bierfontänen-Spektakel, würde der Prozess an dieser Stelle recht schnell enden, da das Bier, welches die Wolke umgibt, innerhalb weniger Millisekunden so stark an CO_2 verarmen würde, dass der Diffusionsprozess zum Erliegen käme. Zum Glück aller Freunde des gepflegten Kneipenschabernacks übernimmt ab hier aber der dritte und letzte physikalische Effekt.

Phase 3: der Auftrieb
0,1 – 1s nach dem Aufeinandertreffen der beiden Bierflaschen

Ab dem Moment, in dem die Diffusion des CO_2 durch die Verarmung in der Umgebung nahezu zum Erliegen kommt, beginnt der Auftrieb der mittlerweile schon recht ordentlich gewachsenen Wolke ins Gewicht zu fallen. Um den Auftrieb der Wolke, unabhängig von den Druckschwankungen und der Bewegung der Flasche, untersuchen zu können, haben unsere Forscher zu einem kleinen Trick gegriffen. Dem Klischee bezüglich Experimentalphysikern entsprechend spielte dabei ein leistungsstarker Laser eine entscheidende Rolle. Die Wissenschaftler fokussierten diesen Laser so auf einen Punkt in der Flasche, dass sie mit einem kurzen Laserpuls mehrmals gut reproduzierbar eine Bläschenwolke mit einem fest definierten Durchmesser erzeugen konnten, um deren Aufsteigen und Wachstum unabhängig von allen anderen Phänomenen untersuchen zu können. Dabei fanden sie heraus, dass diese Wolke aus Tausenden kleinen Bläschen in der Bierflasche nicht einfach gleichmäßig nach oben steigt, sondern wie bei einer starken örtlich begrenzten Erwärmung (wie sie zum Beispiel bei der Explosion einer Nuklearwaffe entsteht) auf ihrem Weg Richtung Flaschenhals Wirbelringe bildet, die tatsächlich aussehen wie kleine Atompilze im Pils (ich entschuldige mich für diesen flachen Wortwitz). Diese sogenannten Plumes lassen sich sogar problemlos mit bloßem Auge beobachten, wenn man die Bierflasche im Moment des Stoßes vor eine helle Lampe hält. Durch die ringartigen Wirbel wird der Flascheninhalt beim Aufsteigen der Wolke lokal ordentlich durchgemischt, und es gelangt wieder CO_2-reiches Bier in die Nähe der hungrigen Bläschen, wodurch der Diffusionsprozess abermals angeschoben wird. Da die Bläschen innerhalb dieses »Atompilzes« sogar schneller aufsteigen können als eine isolierte einzelne Blase, kommt es gar nicht erst zu einer CO_2-Verarmung des umgebenden Biers, und das Blasenwachstum kann ungehindert exponentiell weitergehen.

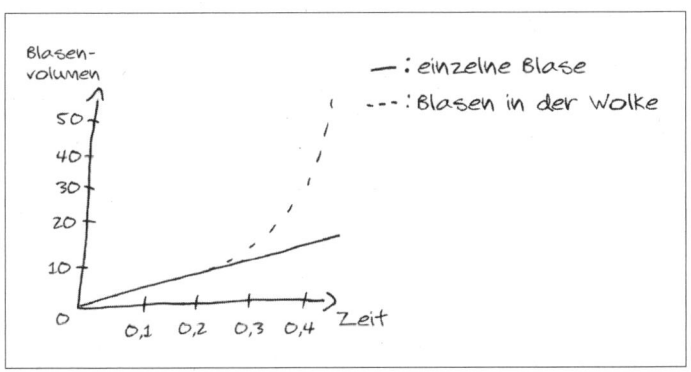

Durch die enorm gewachsene Grenzschicht und den größeren Auftrieb innerhalb der Wolke wächst die Bläschenwolke deutlich schneller, als die einzelne große Blase es je könnte.

Genau hier liegt der Schlüssel für das explosionsartig überschäumende Bier: Je mehr die Blasen wachsen, umso schneller steigen sie auf, und je schneller sie steigen, desto mehr CO_2 steht zum Wachstum zur Verfügung. Es handelt sich also wiederum um zwei sich gegenseitig verstärkende Prozesse.

Im Gegensatz zur Explosion einer schnöden Atombombe, vor der man sich vielleicht noch in einem Kühlschrank verstecken kann, wenn man Indiana Jones heißt, haben wir in unserer Flasche nicht nur *einen* solchen Pilz, sondern gleich *mehrere*, und zwar an jeder Stelle, an der vorher eine größere Blase durch die Druckschwankungen in Tausende kleine Tochterblasen zerfallen ist.

Warum die stoßende Flasche nur sehr selten überschäumt, wurde von den Wissenschaftlern zwar nicht untersucht, aber mit dem von ihnen beschriebenen Modell aus Kompressions- und Expansionswellen kann man es sich halbwegs selbst erklären: Die erste Kompressionswelle läuft in der stoßenden Flasche nämlich von unten nach oben und nicht von oben nach unten, wie es in der angestoßenen Flasche der Fall ist. Dadurch, dass die stoßende Flasche oben offen ist, kann diese Welle nicht wie in der gestoßenen Flasche am Boden reflektiert werden, so dass es also auch nicht zu den lokalen starken Druckschwankungen kommt. Manchmal schäumt allerdings auch die stoßende Flasche ein wenig über. Das ist dann der Fall, wenn sie oben eng zusammenläuft, so dass sich die bei einem wirklich starken Schlag erzeugten Druckwellen so verhalten, als wäre die Flasche oben ebenfalls geschlossen.

Zusammenfassend: Der Schlag auf die Flasche sorgt also dafür, dass die im Bier des Opfers enthaltenen CO_2-Blasen durch Druckschwankungen in Hunderttausende winzige Bläschen zerfallen, die dann durch Verwirbelungen, die denen einer Atombombenexplosion ähneln, exponentiell das CO_2 des gesamten Bieres absorbieren und explosionsartig wachsen. Der Ablauf dieser Kette an sich gegenseitig verstärkenden physikalischen Effekten dauert ungefähr eine Sekunde und endet mit der wohlbekannten Schaumfontäne, die an diesem Silvesterabend einen unserer Playstation-3-Controller in die Schrottkiste beförderte.

Das Verständnis dieser Prozesse hat auch einen gesellschaftlichen Nutzen. Abseits von Bier und mit CO_2-versetztem Mineralwasser kommt es in großtechnischen Prozessen oder auch in der Natur manchmal vor, dass größere Mengen eines in einer Flüssigkeit gelösten Gases plötzlich freigesetzt werden, oft mit verheerenden Folgen. Ein tragisches Beispiel für so eine schlagartige Freisetzung großer Gasmengen ist die Katastrophe, die sich am 21. August 1986 in der Republik Kamerun am Lake Nyos ereignete. An diesem Tag wurden 100.000 bis 300.000 Tonnen CO_2, das in den tieferen Wasserschichten des Sees gelöst war, aus einem bis heute nicht endgültig geklärten Grund plötzlich freigesetzt. Die dabei rasant wachsende CO_2-Wolke verdrängte innerhalb weniger Minuten die gesamte Luft zum Atmen in einem Umkreis von 27 km. Bei dem Unglück kamen damals rund 1.700 Menschen ums Leben.

Bei Vulkanausbrüchen kann man auch beobachten, dass Gase, die in tieferen Schichten in der flüssigen Gesteinsschmelze gelöst waren, beim Aufsteigen in höhere Schichten aufgrund des nachlassenden Drucks plötzlich freigesetzt werden.

Die Erkenntnisse, die aus den Untersuchungen am Modellsystem »Beer tapping« gewonnen wurden, helfen also zum Beispiel Geologen, solche Prozesse besser zu verstehen und geeignete Maßnahmen zu entwickeln, Katastrophen wie in Kamerun zu verhindern. Auch wenn es im Ursprung trivial klingt, könnte die genaue Untersuchung einer überschäumenden Bierflasche vielleicht sogar dazu beitragen, irgendwann Menschenleben zu retten.

Toms Gesichtsausdruck nach zu urteilen, waren ihm Menschenleben an diesem Abend vollkommen egal, als er seine in Tsatziki ersäuften Pommes auspackte und leicht angewidert das Gesicht verzog. Fortuna hatte sich mal wieder gegen ihn gewandt und mit Hunger gestraft. Wahrscheinlich war es genau dieser Moment, als ihm der Knoblauchgeruch des pampigen Haufens auf seinem Teller seine Niederlage zum wiederholten Male unter die Nase rieb und sich sein Magen in einem Anflug von Rebellion verkrampfte, in dem er Mattes still und leise innerlich erneut Rache schwor.

Die Auflösung –
Kältemischung

Hausflur: 19.30 Uhr

Ich war gerade dabei, die letzten noch im Hausflur verbliebenen leeren Bierkästen in den Keller zu tragen, da kün-
digten sich die ersten Partygäste mit einer unverkennbaren
Folge aus lautem Knattern, kleinen Explosionen im Drei-
Sekunden-Abstand und dunklen Rauchwolken am Hori-
zont an. Wir hatten zwar eigentlich erst für 19.00 Uhr geladen, was bedeutete, dass wir niemanden vor 22.00 Uhr
bei uns erwarteten, aber bei diesen Personen handelte es
sich auch eher um Inventar des Hauses als um richtige
Gäste. Yuri rollte, wie mindestens zweimal die Woche, mit
seinem alten VW-Bus, den er zu einem Camper umgebaut
hatte, die leicht verschneite Kölner Straße herunter. Vor
etwa einem Jahr hatte Yuri noch in unserem Haus gewohnt,
bis er geschäftlich nach Bochum ziehen musste. Was dieses
»geschäftlich« genau bedeutete, ist uns bis heute ein Rätsel,
da keiner aus unserem Freundeskreis wirklich weiß, was
Yuri von Beruf ist. Bei der Frage danach erzählt er auch

jedes Mal eine andere Geschichte. Angefangen vom IT-beziehungsweise SAP-Consultant über die Spekulation mit Kleinstaktien bis hin zum Erbe eines russischen Spielwarenfabrikanten habe ich in den acht Jahren, die ich ihn nun kenne, schon alles gehört. Das Einzige, was ich sicher weiß, ist, dass der leicht pummelige kleine Russlanddeutsche 1988 mit seinen Eltern aus der ehemaligen DDR in die BRD »rüberjemacht« hat und der schrottreife klapperige VW-Bus das Erste war, was Yuri sich damals vom Munde abgespart hatte. Wahrscheinlich genau aus diesem Grund fährt er die alte Karre heute noch und verschwindet alle zwei Jahre fluchend und ölverschmiert in seiner Garage, um die alte Dame, wie er sie liebevoll nennt, »diesmal wirklich ein allerletztes Mal durch den TÜV zu bringen«. Bei einem dieser letzten Rettungsversuche mit WD-40 und Duct Tape hatte er dann auch Inge kennengelernt, die über eBay Kleinanzeigen einen Schrauber suchte, der ihr half, ihre alte Simson Schwalbe wieder fahrtüchtig zu machen. Zwar meckert die mittelgroße, schlanke Blondine fast den ganzen Tag über den chauvinistischen kleinen Russen, aber das gemeinsame Zerlegen und provisorische Wiederinstandsetzen ostdeutscher Technik hatte die beiden offensichtlich zusammengeschweißt. Auch wenn es keiner von beiden zugeben würde: Bei der vorlauten Kölnerin und dem anarchischen Russen handelte es sich um Liebe auf den ersten Blick.

Aus dem Flurfenster sah ich gerade noch, wie Yuri das postgelbe Ungetüm mit Fuchsschwanz an der Dachantenne rückwärts neben Inges »Schwalbe« direkt vor unserer Haustür einparkte, dann neben Inge und ein paar mir vollkommen unbekannten Leuten aus dem Wagen sprang und ein paar Anweisungen auf Russisch brüllte. Kaum hatte Yuri in Richtung unserer Haustür gezeigt, begannen die mir unbekannten Personen damit, unzählige große schwarze Kisten und Kabeltrommeln aus dem Kofferraum des VW-Busses durch den Schnee auf unser Haus zu zuschleppen.

Yuri war, wie schon gesagt, eigentlich kein Gast in unserem Haus, sondern gehörte schon lange zum Inventar und hatte daher angeboten, sich am Abend um die Musik zu kümmern. Auch wenn wir alle in etwa den gleichen Musikgeschmack hatten, schlug Tom damals die Hände über dem Kopf zusammen und befürchtete das Schlimmste, als er von Yuris Angebot erfuhr. Immer wenn Yuri etwas organisierte, bewegte man sich entweder am Rande der Legalität, oder am Ende lief irgendetwas wahnsinnig aus dem Ruder. Wie recht er damit hatte, wenn auch anders, als alle angenommen hatten, zeigte sich zu fortgeschrittener Stunde …

Ein paar Minuten nachdem die Bremsen des VW-Bulli ihre Aufgabe verzweifelt schreiend bewältigt hatten, klingelte es an unserer Wohnungstür. Da ich sowieso gerade auf dem Weg in den Keller war, öffnete ich Yuri die Tür, und er stürzte schwerbeladen und eingepackt wie ein Michelin-Männchen in unseren Hausflur. Mit den Worten »Hier, Bier und was Richtiges zu trinken!« drückte er mir einen Kasten Stauder-Pils und vier Flaschen Gerolsteiner Sprudel in die Hand, in denen mit großer Sicherheit alles drin war, nur nicht Gerolsteiner Sprudel. Yuri hatte schon als kleiner Junge von seinem Vater gelernt, dass man aus Kartoffeln auch ein Getränk herstellen konnte, das sich gewinnbringend verkaufen ließ … Zumindest war es das, was er uns immer erzählte. »Wir haben damals da drüben ja nix gehabt«, wie er immer wieder betonte. Auf die Frage, wie viele seiner Verwandten in Folge des Genusses dieser speziellen hausgemachten Spirituose Probleme mit ihrer Sehschärfe gehabt hätten, antwortete Yuri meist nur mit einem schiefen Lächeln oder verwies auf seinen Großvater, der trotz Stalingrad und Tschernobyl über 90 Jahre alt geworden war. Dass der besagte Großvater aber auch kein Problem damit gehabt hatte, gelegentlich einen Schluck Brennspiritus in seinen Tee zu kippen, wenn nichts anderes da war, und mit 70 halbblind im Rollstuhl gesessen hatte, verschwieg Yuri dabei.

Leicht schnaubend in der zweiten Etage angekommen, wurden Yuri und Inge, wie eigentlich alle Besucher, als Erstes schwanzwedelnd vom bis dahin in seinem Körbchen schlummernden Wilhelm begrüßt. Die große Dogge war dabei häufig so stürmisch, dass der ein oder andere wieder rücklings die Treppe hinabstolperte, und jeder neue Post- oder Pizzabote ließ das erste Mal vor Schreck einen Teil seiner Lieferung fallen. Nachdem Wilhelm die ihm gebührende Aufmerksamkeit eingefordert hatte, kehrte er an seinen angestammten Platz zurück und wartete auf die nächste Person, die mit Sicherheit nur seinetwegen den Hausflur betreten würde.

Wir setzten uns, um den restlichen Ablauf des Abends zu planen, auf die Sofalandschaft, die wir im letzten Jahr gemeinsam vor dem Sperrmüll gerettet hatten. Yuri wollte gerade anfangen, uns aufgeregt von seinen grandiosen Plänen für die abendliche Beschallung zu berichten, als Inge ein unüberhörbares Seufzen aus Richtung des Kühlschranks von sich gab. »Welcher Lötschendötsch hat denn hier dat letzte Bier rausjenommen und nix nachjelegt?« Tom zuckte schuldbewusst zusammen. Das Stauder-Pils, das Yuri erst wenige Minuten zuvor in der mit kaltem Wasser gefüllten Badewanne abgestellt hatte, war auch selbst in irgendeinem Paralleluniversum noch weit davon entfernt, genießbar zu sein. Dann erinnerte sich Yuri aber daran, dass an der Tanke, an der er den Kasten gekauft hatte, in der Kühltruhe neben den Zapfsäulen noch ein letzter Rest Crushed Ice vom diesjährigen Jahrhundertsommer übrig gewesen war. Wir zogen also Streichhölzer, wer noch einmal losmusste, um das Eis zu besorgen. Es traf Tom, dem sich Mattes, wohl geplagt von leichten Schuldgefühlen, anschloss.

Das Experiment: die Kältemischung

Eine halbe Stunde später saßen wir wieder gemeinsam in der Küche und versuchten unter meiner Anleitung, fünf Flaschen Bier schnellstmöglich auf eine trinkbare Temperatur herunterzukühlen, bis auch der Rest im Kühlschrank genießbar sein würde. Eine Möglichkeit wäre gewesen, das Eis direkt zum Kasten in die Badewanne zu kippen. Die kleine Eismenge hätte aber auf die doch recht große Wassermenge nur einen sehr geringen Einfluss gehabt und das Wasser maximal auf $0\,^\circ\mathrm{C}$ abgekühlt.

Für das erste Bier zum Anstoßen gab es eine deutlich schnellere und vor allem effektivere Variante. Wie die meisten von euch sicher wissen, schmilzt Eis, wenn es mit Salz in Berührung kommt. Was aber die wenigsten wissen, ist, dass die Mischung aus Eis, Wasser und Salz, die dabei entsteht, deutlich kälter werden kann als das Eis selbst. Wenn man also nur ein paar Flaschen abkühlen will und lediglich einen Beutel Crushed Ice zur Verfügung hat, dann stellt man die Flaschen am besten in einen Eimer, füllt ihn mit dem Eis auf, gibt ein wenig Wasser und ein 200-Gramm-Paket Salz hinzu. Rührt man das Ganze um, kann man selbst bei nicht idealem Mischungsverhältnis innerhalb weniger Minuten mit dieser sogenannten »Kältemischung« Temperaturen von circa −8 °C erreichen. Das von dieser Mischung gleichmäßig umgebene Bier nimmt innerhalb weniger Minuten ebenfalls eine sehr angenehme Trinktemperatur an. Aber warum wird das Wasser-Eis-Gemisch noch kälter, wenn wir Salz hinzufügen? Müsste das Eis dann nicht eigentlich schmelzen?

Die Antwort darauf ist nicht ganz so simpel, denn auch hier spielen wieder mehrere Effekte gleichzeitig eine Rolle. Um genau zu sein, sind es maßgeblich drei Effekte, die dazu führen, dass sich die Mischung auf Temperaturen, die deutlich unter dem Gefrierpunkt von Wasser liegen, abkühlen kann. Diese Effekte sind: der sogenannte Phasenübergang, der endotherme Wärmeeffekt und letztendlich noch die Gefrierpunkterniedrigung.

Fangen wir mit dem leichtesten dieser Effekte an, und zwar mit dem Phasenübergang.

Effekt 1: der Phasenübergang

In der Physik und Chemie unterscheidet man nicht nur verschiedene Stoffe, sondern auch, in welcher Form sie vorliegen. Diese Form nennt man Aggregatzustand. Ganz klassisch unterscheidet man zuerst zwischen fest, flüssig und gasförmig. Die Physik kennt zwar noch eine ganze Reihe weiterer Zustände, wie z. B. den Plasmazustand oder das Bose-Einstein-Kondensat, die man als Aggregatzustand bezeichnen könnte, aber da diese hier auf der Erde meist nur unter recht extremen Bedingungen auftauchen, gehen wir der Einfachheit halber davon aus, es gäbe nur die drei klassischen Aggregatzustände.

Ein Stoff kann also in einem dieser drei Aggregatzustände vorliegen. Wenn wir bei unserem Beispiel, dem Wasser, bleiben, kennt auch jeder diese drei Zustände: Kühlt man Wasser im Gefrierfach unter 0°C ab, dann gefriert es zu Eis, wird also fest. Erhitzt man es hingegen auf 100°C, fängt es an zu kochen und verwandelt sich in Wasserdampf. Zwischen diesen beiden Temperaturen ist es bei unserem normalen Umgebungsdruck flüssig. Dieses Verhalten, also der Wechsel des Aggregatzustandes bei Veränderung der Temperatur, gilt aber nicht nur für Wasser, sondern eigentlich für alle Stoffe, die uns im Alltag begegnen. Metalle werden zum Beispiel auch bei einer gewissen Temperatur flüssig und fangen bei noch höheren Temperaturen zu kochen und zu verdampfen an. Die entsprechenden Temperaturen liegen nur meist um ein Vielfaches höher als bei Wasser, weswegen uns andere Stoffe meist in ihrem festen Aggregatzustand begegnen, es sei denn, wir arbeiten im Ruhrpott an einem Hochofen. Aus unserer Alltagserfahrung mit Wasser wissen wir aber: Der Aggregatzustand eines Stoffes hängt offensichtlich von seiner Temperatur ab.

Es ist aber nicht die Temperatur allein. Ob ein Stoff fest, flüssig oder gasförmig ist, hängt nämlich auch vom Druck ab. Im Falle unseres kochenden Wassers ist damit zum Beispiel der umgebende Luftdruck gemeint. Wenn ihr schon mal Urlaub in den Alpen gemacht und dort auf einem der höheren Berge versucht habt, euch in einer Berghütte morgens ein Frühstücksei zu kochen, dann werdet ihr wahrscheinlich auch festgestellt haben, dass euer Ei nach den gewohnten fünfeinhalb Minuten im kochenden Wasser immer noch halb roh war. Grund dafür ist, dass der Luftdruck da oben ein gutes Stück geringer ist als bei uns hier »unten«, und das Wasser somit nicht erst bei 100°C anfängt zu kochen (also vom flüssigen in den gasförmigen Aggregatzustand übergeht), sondern auf der Zugspitze zum Beispiel, in knapp 3.000 Metern Höhe, schon bei 90°C.

Wann Wasser anfängt zu kochen, also seinen Aggregatzustand verändert, hängt immer von der Kombination aus Druck und Temperatur ab. Dieses Prinzip macht man sich unter anderem auch bei einem Schnellkochtopf zunutze. Dadurch, dass der Deckel den Topf luftdicht verschließt, kann der Druck im Topf ansteigen und deutlich höher werden als unser normaler Umgebungsdruck. Die Folge davon ist, dass das Wasser im Topf erst bei circa 116°C anfängt zu kochen. Unter höherem Druck kocht Wasser also erst viel später, bei höheren Temperaturen und unter niedrigem Druck schon viel früher.

Diesen Zusammenhang zwischen Druck, Temperatur und Aggregatzustand stellt man in der Physik in einem sogenannten Phasendiagramm dar, in dem man sofort ablesen kann, wann ein Stoff fest oder flüssig wird oder wann er verdampft. Die folgende Abbildung zeigt so ein Phasendiagramm für Wasser, in das ich als Beispiel ganz grob den Schnellkochtopf und das kochende Wasser auf der Zugspitze eingetragen habe.

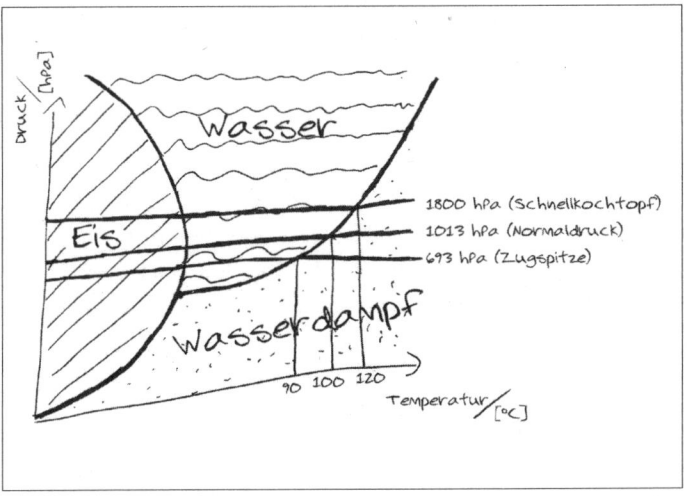

Hier seht ihr die drei Bereiche, die jeweils einen Aggregatzustand von Wasser je nach Druck und Temperatur darstellen. Den Punkt, an dem sich die drei Bereiche treffen, nennt man Triplepunkt. An diesem Punkt kann man tatsächlich nicht mehr unterscheiden, ob das Wasser flüssig, fest oder gasförmig ist.

Ihr könntet jetzt einwerfen: »Das mit dem Diagramm ist ja alles schön und gut, aber ist es nicht scheißegal, wann Wasser anfängt zu kochen, solange es kocht und heiß wird?« Diese Frage kann man aus physikalischer Sicht ganz klar und einfach mit NEIN beantworten. Wenn das Wasser nämlich erst einmal kocht, dann steigt seine Temperatur nicht mehr, egal, wie sehr man auch versucht, es weiter aufzuheizen. Der Grund dafür ist, dass alle Energie, die dem Wasser ab diesem Zeitpunkt noch zugeführt wird, direkt in die Umwandlung von flüssigem Wasser in Wasserdampf fließt. Das heißt also, dass unser Wasser auf der Zugspitze niemals heißer als 90 °C wird, egal, wie lange wir es da oben kochen oder wie hoch wir die Herdplatte drehen. Auf noch höheren Bergen, wie dem Mount Everest, kann es wegen des so geringen Luftdrucks sogar passieren, dass das Wasser so früh kocht, dass das Ei niemals fertig wird, weil die Temperatur des Wassers dafür einfach nicht ausreicht. Solange also noch ein Teil des flüssigen Zustands vorhanden ist, der in Wasserdampf umgewandelt werden kann, bleibt die Temperatur des Wassers konstant. Ist irgendwann alles Wasser zu Dampf geworden, kann die Temperatur weiter steigen. Der Phasenübergang zwischen zwei verschiedenen Aggregatzuständen (bei konstantem Druck) fungiert also wie ein Stoppschild für die Temperatur, die erst weiter steigen darf, wenn die Phasenumwandlung von flüssig zu gasförmig komplett abgeschlossen ist. Was für den einen Phasenübergang zwischen flüssig und gasförmig bei 100 °C (Punkt B im folgenden Bild) gilt, muss aber genauso für den anderen Phasenübergang zwischen fest und flüssig bei 0 °C (Punkt A im folgenden Bild) gelten.

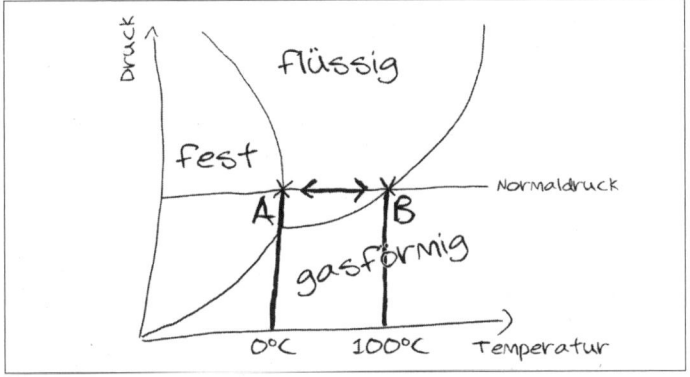

Die Punkte A und B sind jeweils die Haltepunkte, an denen die Temperatur konstant bleibt, bis der Phasenübergang vollständig abgeschlossen ist.

Stellen wir uns vor, wir beobachten ein paar Eiswürfel, die in einem kleinen Topf mit Wasser vor sich hin schmelzen. Selbst, wenn wir versuchen würden, das Wasser mit den Eiswürfeln auf dem Herd zu erwärmen, würde das Wasser so lange nicht wärmer werden, bis. alle Eiswürfel restlos geschmolzen wären. Auch hier fließt nämlich alle Energie, die wir in Form von Wärme in das System (Wasser mit Eiswürfeln) stecken, zuerst in die Phasenumwandlung des festen Eises zu flüssigem Wasser. Erst danach kann die Temperatur des Wassers wieder steigen. Darum kann ein Gemisch, das nur aus Eis und Wasser besteht und bei normalem Druck immer eine Temperatur von genau 0°C annimmt, nicht kälter und nicht wärmer werden! Hätten wir unsere kleine Tüte Crushed Ice also zu dem Bierkasten in die Badewanne geworfen, wäre im Idealfall ein Teil des Eises geschmolzen, bis das Wasser eine Temperatur von genau 0°C erlangt hätte. Da in so einer handelsüblichen Badewanne aber gute 100 Liter Wasser Platz haben, hätte das bisschen Eis wahrscheinlich gerade gereicht, um die Temperatur des Wassers um lediglich ein paar Grad unter Raumtemperatur zu senken, bevor es komplett geschmolzen wäre. Danach hätte sich die Wassertemperatur dann, zugegebenermaßen recht langsam, wieder der Raumtemperatur angenähert. Wasser und Eis allein bringen es also nicht, wenn wir durch den Phasenübergang von fest zu flüssig für das Kühlmedium im besten Fall eine Temperatur von 0°C erreichen können.

Um die Getränke in ihren Flaschen schnell auf eine angenehme Temperatur herunterzukühlen, müssen wir unter die 0°C des normalen Eis-Wasser-Gemisches kommen. Hierbei helfen uns die anderen beiden Effekte.

Effekt 2: der endotherme Wärmeeffekt

Der erste der beiden Effekte, der uns dabei hilft, das Gemisch für unsere effektive Bierkühlung unter 0°C zu bringen, ist der sogenannte endotherme Wärmeeffekt. In der Chemie unterteilt man das thermische Verhalten von Reaktionen in exotherme und endotherme Reaktionen. Als exotherme Reaktionen bezeichnet man solche, bei denen Energie in Form von Wärme frei wird. Ein Beispiel für eine solche Reaktion ist ein defekter Akku in einem Galaxy Note 7, der plötzlich seine gesamte chemisch gespeicherte Energie in einer exothermen Reaktion freisetzt. Ein anderes Beispiel bieten diese Taschenwärmer, die manche von euch vielleicht aus der kalten Jahreszeit kennen. Bei diesen setzt man durch das Knicken eines Metallplättchens eine chemische Reaktion in Gang, in deren Verlauf sich ein vormals flüssiger Stoff blitzartig und unter großer Hitzeentwicklung in einen festen verwandelt. Reaktionen wie diese, bei denen Wärme abgegeben wird, bezeichnet man als exotherm.

Bei einer endothermen Reaktion hingegen passiert genau das Gegenteil. Es wird keine Wärme abgegeben, sondern welche aufgenommen. Diese Art von chemischer Reaktion benötigt nämlich die ganze Zeit über Energiezufuhr, um weiterzulaufen, und diese Energie holt sie sich in Form von Wärme aus ihrer Umgebung.

Beim zweiten Effekt, der hilft, unser Bier herunterzukühlen, handelt es sich genau um eine solche Reaktion. Auch wenn es komisch klingt, das Auflösen von handelsüblichem Speisesalz in Wasser ist eine endotherme chemische Reaktion, die ihrer Umgebung Wärme entzieht. Um zu verstehen, warum das so ist, schauen wir uns die an dieser Reaktion beteiligten Stoffe, also das Salz und das Wasser, genauer an.

Bei Salz handelt es sich um kleine Kristalle, die aus Natrium- und Chloratomen bestehen. Genauer gesagt, handelt es sich um positiv geladene Natriumionen (Na^+) und negativ geladene Chloridionen (Cl^-). Als Ionen bezeichnet man Atome, die entweder mehr oder weniger Elektronen in ihren Schalen mit sich herumschleppen, als sie es von Natur aus in ihrem Grundzustand täten, und dadurch entweder elektrisch positiv oder negativ geladen sind. Das Na^+ Ion hat im Falle von Kochsalz genau ein

Elektron weniger als das neutrale Natriumatom und ist deshalb positiv geladen. Das Cl^- Ion hingegen hat genau ein Elektron mehr als seine elektrisch neutrale Variante und ist daher negativ geladen. Da sich nun positive und negative Ladungen, ähnlich wie der Nord- und Südpol von zwei Magneten, mit einer recht starken Kraft anziehen, kleben die Na^+ und die Cl^- Ionen zusammen und bilden ein regelmäßiges, jetzt wieder elektrisch neutrales, festes Atomgitter, den Salzkristall. Egal, wie groß oder klein so ein Salzkristall ist, auf atomarer Ebene sehen sie alle gleich aus und bestehen zu gleichen Teilen aus regelmäßig angeordneten Na^+ und Cl^- Ionen. Daher ist die chemische Bezeichnung für Kochsalz auch NaCl (Natriumchlorid).

Die chemische Bezeichnung für Wasser lautet H_2O und gehört heutzutage eigentlich schon fast zum Allgemeinwissen. Dabei steht das H für Hydrogen, zu deutsch: Wasserstoff, und das O für Oxygen, der besser unter dem Namen Sauerstoff bekannt ist. Die kleine Ziffer 2 unten am H in der chemischen Formel bedeutet, dass ein Wassermolekül (ein einzelnes Wasserteilchen) immer aus zwei Wasserstoffatomen und einem Sauerstoffatom besteht. Die Bindung, die diese Atome zu einem Wassermolekül zusammenschweißt, ist aber ein wenig anders als die, die Na^+ und Cl^- Ionen miteinander verbindet. Beim Salz spricht man von einer ionischen Bindung beziehungsweise von einem ionischen Kristall, da die elektrische Anziehung zwischen den unterschiedlich geladenen Ionen das ist, was das Gitter zusammenhält. Beim Wasser hingegen gibt es bei Raumtemperatur kein Gitter und auch keine Ionen, die sich gegenseitig anziehen könnten. Hier sieht das Ganze ein klein wenig anders aus und ist auch ein bisschen komplizierter. Da Wasser für uns Menschen ein sehr wichtiger und aus physikalischer Sicht auch ein sehr ungewöhnlicher Stoff ist, lohnt es sich, Zeit und Gehirnschmalz in eine etwas ausführlichere Erklärung zu investieren.

Alle Elemente, die die Menschheit mittlerweile entdeckt, isoliert oder sogar künstlich erzeugt hat, findet ihr ordentlich aufgeschrieben im Periodensystem der Elemente.

1	2	3	4	5	6	7	8	9	10	11	12	13	14	15	16	17	18
H																	He
Li	Be											B	C	N	O	F	Ne
Na	Mg											Al	Si	P	S	Cl	Ar
K	Ca	Sc	Ti	V	Cr	Mn	Fe	Co	Ni	Cu	Zn	Ga	Ge	As	Se	Br	Kr
Rb	Sr	Y	Zr	Nb	Mo	Tc	Ru	Rh	Pd	Ag	Cd	In	Sn	Sb	Te	I	Xe
Cs	Ba	La-Lu	Hf	Ta	W	Re	Os	Ir	Pt	Au	Hg	Tl	Pb	Bi	Po	At	Rn
Fr	Ra	Ac-Lr	Rf	Db	Sg	Bh	Hs	Mt	Ds	Rg							

Das hier ist eine vereinfachte Darstellung des Periodensystems der Elemente ohne die Reihen der Lanthanoide und Actinoide.

Ich habe versucht, ein einfaches Periodensystem zumindest grob zu skizzieren, dabei fehlen einige wichtige Details, aber ihr bekommt eine Vorstellung davon, wie dieses Ding aussieht. Der ein oder andere erinnert sich vielleicht noch daran, dass dieses System so oder so ähnlich in der Schule irgendwo im Chemieraum herumhing und man nie wirklich begriff, was der Lehrer einem darauf verdeutlichen wollte. Auf den ersten Blick erscheint die Anordnung der einzelnen Elemente, genauso wie die Form des ganzen Ungetüms, nämlich vollkommen wahllos und recht chaotisch. Weiß man aber ein bisschen etwas über die Regeln, nach denen das Periodensystem aufgebaut ist, kann man allein an der Position eines Elements schon eine Menge über dessen Eigenschaften ablesen und sogar abschätzen, wie es sich verhält, wenn es mit anderen Elementen reagiert.

Schauen wir uns das als Erstes für den Wasserstoff an.

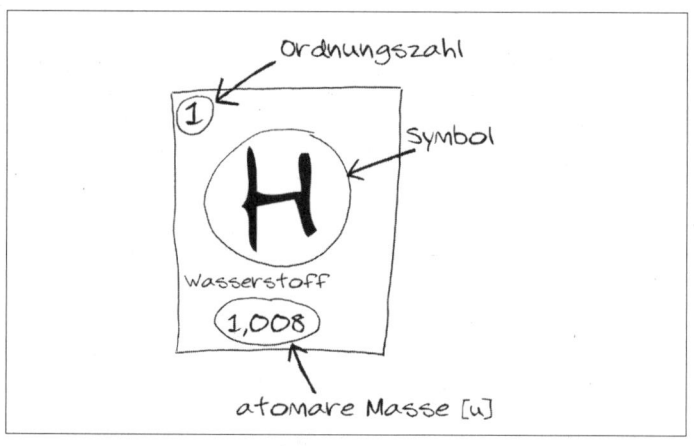

Jedes Element wird im Periodensystem mit seiner Ordnungszahl, dem Elementsymbol und seiner atomaren Masse in u dargestellt.

Das Symbol in der Mitte ist die Abkürzung, die in chemischen Formeln für das Element verwendet wird. Die Zahl links oben ist die sogenannte Ordnungszahl, sie gibt an, wie viele Protonen (also positiv geladene Teilchen) sich im

Kern des jeweiligen Elements befinden. Die Zahl unter dem Symbol steht für die atomare Masse des Atoms und wird in einem Vielfachen von einem Zwölftel der Masse eines ^{12}C Kohlenstoffatoms angegeben. Fragt bitte nicht, warum das so ist, es ist historisch gewachsen … Sagen wir einfach, unten wird das Gewicht angegeben.

Den Wasserstoff finden wir ganz oben links in der ersten Spalte und der ersten Reihe des Periodensystems. Die ersten beiden und die letzten sechs Spalten nennt man übrigens die acht Hauptgruppen und die Zeilen Perioden. Der Wasserstoff steht also in der ersten Periode der ersten Hauptgruppe und hat ein positiv geladenes Proton in seinem Kern.

Schauen wir uns nun den Sauerstoff an. Der Sauerstoff steht in der zweiten Periode der sechsten Hauptgruppe und hat acht positiv geladene Protonen in seinem Kern.

Sauerstoff hat die Ordnungszahl 8, wird mit dem Elementsymbol O abgekürzt und hat eine Masse von knapp 16u.

Da ein Atom in seinem Grundzustand immer neutral geladen ist, hat jedes Element in seinen Schalen stets genauso viele negativ geladene Elektronen, wie es positiv geladene Protonen im Kern trägt, so dass sich insgesamt immer die Ladung null ergibt.

Wir haben also aus dem Periodensystem herauslesen können, wie viele Elektronen beim Wasserstoff und beim Sauerstoff um den jeweiligen Atomkern fliegen. Eure berechtigte Frage ist jetzt, was wir davon haben. So weit erst einmal nichts. Doch das Periodensystem verrät uns noch mehr über unsere Elemente. Jede Zeile beziehungsweise Periode steht nämlich für eine Schale um den Atomkern, in die bei den Elementen der Hauptgruppen immer maximal acht Elektronen hineinpassen, bis die nächste Schale gefüllt wird. Eine Ausnahme bilden dabei Wasserstoff und Helium, hier ist die Schale schon mit zwei Elektronen komplett gefüllt. Das heißt also, beim Wasserstoff ist in der äußeren Schale noch Platz für ein weiteres Elektron und beim Sauerstoff sogar für zwei weitere Elektronen, da zwei auf seiner inneren und sechs auf seiner äußeren Schale sitzen.

Das Modell, in dem Elektronen in verschiedenen Schalen um den Atomkern kreisen, nennt man übrigens Bohr'sches Atommodell – heute wissen wir, dass diese Vorstellung in keiner Weise der Realität entspricht. Wir wollen fair bleiben: Das wusste man tatsächlich auch damals schon, aber es gab zu der Zeit eben nichts, was die Sache besser erklärt hätte. Auch, wenn das Modell also eigentlich falsch ist, eignet es sich wunderbar, um zu erklären, wie ein Wasser-

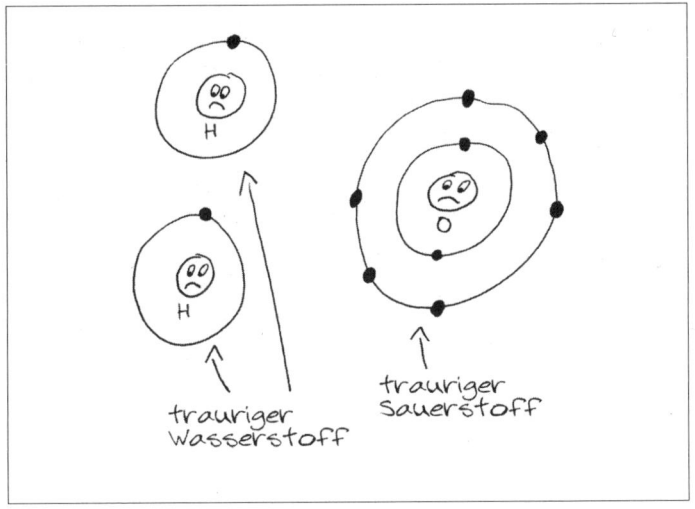

Beiden Atomen fehlen noch Elektronen, um ihre äußeren Schalen komplett zu füllen. Beim Wasserstoff fehlt jeweils ein Elektron und beim Sauerstoff sind es sogar zwei.

molekül aufgebaut ist und warum wir damit und mit der Zugabe einer guten Prise NaCl unser Bier auf hervorragende Weise kühlen können. Behaltet nur immer im Hinterkopf, dass es sich beim Bohr'schen Atommodell um eine sehr einfache Modellvorstellung handelt, die aber vollkommen ausreichend ist, um eine Menge physikalischer und chemischer Prozesse zu erklären.

Ich könnte auch versuchen, euch das Gleiche mit dem aktuelleren Orbitalmodell, das sich aus dem stationären Teil der Schrödinger Gleichung ableitet, zu erklären, aber damit wäre weder euch noch mir geholfen – viel zu kompliziert. Zurück also zu unserem Modell mit den äußeren

Schalen, in denen immer maximal acht Elektronen Platz haben.

Über die Elemente im Periodensystem muss man wissen, dass jedes von außen gern aussehen würde wie ein Edelgas. Edelgase sind die Elemente in der achten Hauptgruppe ganz rechts. Sie haben immer acht Elektronen in ihrer äußeren Schale (Ausnahme Helium) und sind sehr reaktionsträge, daher auch der Name: Sie sind sich zu fein, um mit irgendeinem anderen Element zu reagieren. Bei den Elementen, die keine mit acht Elektronen gefüllte Schale haben, sieht das etwas anders aus. Diese Elemente würden fast alles tun, um ihre äußere Schale vollzubekommen und so wie ein Edelgas auszusehen. Sei es nun, dass sie ein weiteres Elektron aufnehmen, um endlich acht zu haben, oder eins loszuwerden versuchen. Je weiter rechts ein Element im Periodensystem steht, desto gieriger ist es, ein Elektron aufzunehmen, und je weiter es links steht, desto mehr versucht es, ein Elektron loszuwerden. Ihr seht also, an der Position im Periodensystem kann man eine Menge über das Reaktionspotential eines Elements ablesen.

Wie steht es denn in dieser Beziehung mit unserem Sauerstoff und Wasserstoff? Der Wasserstoff steht zwar ganz links im Periodensystem, doch das einzige Edelgas in seiner Nähe ist das Helium, und das ist nur einen Schritt nach rechts entfernt. Der Wasserstoff wird also alles dafür tun, um irgendwoher noch ein Elektron zu bekommen, um dann von weitem und bei schlechtem Licht wie Helium auszusehen. Der Sauerstoff hingegen hätte die Wahl, entweder sechs Elektronen abzugeben und mit den verbliebenen Elektronen in seiner Hülle auch wie Helium auszusehen, oder er besorgt sich die ihm fehlenden zwei Elektronen, um wie Neon zu erscheinen. Da der Sauerstoff recht weit rechts im Periodensystem steht und daher viel lieber Elektronen aufnimmt, als welche abzugeben, entscheidet er sich für die Suche nach zwei weiteren Elektronen.

Genau diese seltsame Eitelkeit der Elemente führt zu der Art von chemischer Bindung, wie wir sie in einem Wassermolekül vorfinden. Denn sowohl Wasserstoff als auch Sauerstoff sind auf der Suche nach weiteren Elektronen, um ihre äußeren Schalen vollzubekommen.

Doch woher nehmen, wenn nicht stehlen? Das Zauberwort heißt in diesem Falle tatsächlich teilen. Wenn zwei Wasserstoffatome und ein Sauerstoffatom aufeinandertreffen, gehen sie eine chemische Verbindung ein, in der sie sich einige ihrer Elektronen teilen, so dass jedes von ihnen ein bisschen wie ein Edelgas sein kann. Das heißt, die beiden Wasserstoffatome borgen sich jeweils ein Elektron vom Wasserstoff und stellen ihr Elektron dafür zeitweise dem Sauerstoff zur Verfügung. Das Ergebnis ist, dass die beiden Wasserstoffatome jeweils zwei Elektronen zur Verfügung haben und das Sauerstoffatom acht.

Man kann sich das so vorstellen, dass die Atome bei dieser Art von chemischer Bindung immer zwei Elektronen in einen gemeinsamen Topf werfen, über die jeder bei Bedarf verfügen kann. Da man in chemischen Strukturformeln nicht immer Atome mit all ihren Hüllen zeichnen mag, hat man sich irgendwann darauf geeinigt, anstatt der Atome einfach nur noch ihr Elementsymbol aus dem Periodensystem niederzuschreiben und die Verteilung der Elektro-

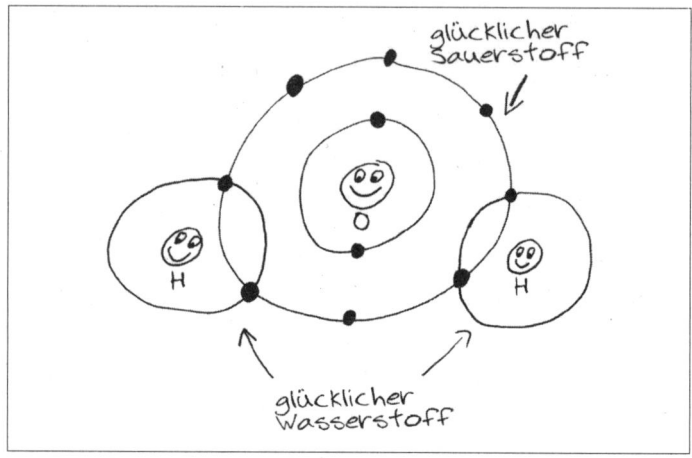

Das Sauerstoff- und die Wasserstoffatome teilen sich ihre Elektronen und haben so beide eine vollbesetzte äußere Schale.

nen durch Striche zu markieren. Ein Strich steht dabei immer für zwei Elektronen. Bei unserem Wassermolekül sieht das dann so aus:

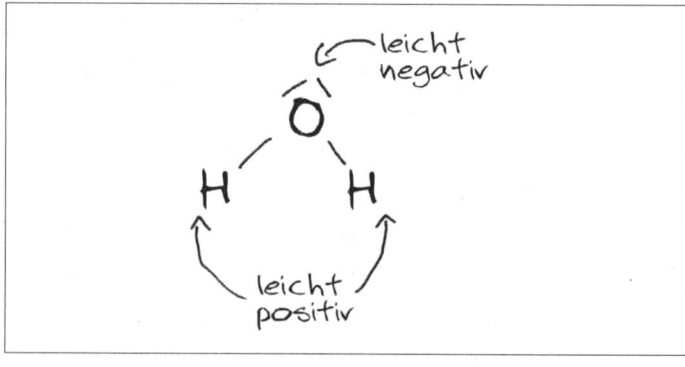

Die Ladungsverteilung eines Wassermoleküls.

Die leicht geknickte Form des Wassermoleküls entsteht dadurch, dass das Sauerstoffatom noch ein bisschen dringender die zusätzlichen Elektronen haben möchte als die Wasserstoffatome. Man sagt auch: Der Sauerstoff hat eine höhere Elektronegativität. Durch diese höhere Elektronegativität halten sich die geteilten Elektronen ein klein wenig häufiger in der Nähe des Sauerstoffs als in der Nähe des Wasserstoffs auf, was dazu führt, dass das gesamte Wassermolekül an einer Seite immer leicht negativ geladen ist und an der anderen Seite, da, wo der Wasserstoff sitzt, immer ein klein wenig positiv. So ein Gebilde nennt man in der Physik einen elektrischen Dipol. Dadurch, dass jetzt jedes einzelne Wassermolekül so ein kleiner elektrischer Dipol ist, ziehen sich die positiven und die negativen Seiten verschiedener Moleküle an und gehen eine lockere Bindung ein. Diese Bindung nennt man Wasserstoffbrückenbindung, da immer ein Wasserstoffatom des einen Wassermoleküls die »Brücke« zur negativ geladenen Seite eines anderen Wassermoleküls darstellt. Durch diese locker aneinandergebundenen Wassermoleküle entsteht die für uns lebenswichtige Flüssigkeit. Der Dipolcharakter des Wasserstoffmolcküls ist auch verantwortlich für viele Eigenschaften und Fähigkeiten des Wassers. Eine davon ist es zum Beispiel, einen Salzkristall aufzulösen. Bevor wir uns jetzt anschauen, warum es sich beim Lösen von Salz in Wasser um eine endotherme Reaktion handelt, die unser Bier abkühlt, fassen wir die wichtigsten Erkenntnisse dieses Abschnitts noch einmal kurz zusammen:

- Es gibt chemische Reaktionen, die Energie in Form von Wärme aus ihrer Umgebung aufsaugen.
- Salz besteht aus zwei Elementen, Natrium und Chlor. Diese Elemente bilden den Salzkristall aus Na^+ und Cl^- Ionen.
- Wasser besteht ebenfalls aus zwei Elementen, dem Wasserstoff und dem Sauerstoff. Bei der Bildung eines Wassermoleküls (H_2O) teilen sich die Atome ihre Elektronen, wodurch die Ladungsverteilung des Moleküls einen elektrischen Dipol darstellt, also an einer Seite leicht positiv und an der anderen leicht negativ geladen ist.

So weit, so gut. Aber was passiert denn nun, wenn wir die Salzkristalle im Wasser auflösen? In dem Moment, in dem die Kristalle auf die Flüssigkeit treffen, geschehen genau zwei Dinge: Zuerst brechen die Wassermoleküle das Salzgitter auseinander, und anschließend lagern sich Wassermoleküle an den frei gewordenen Ionen an.

Beginnen wir mit dem Auseinanderbrechen des Kristallgitters: Im Wasser angekommen, beginnen die leicht negativ und positiv geladenen Enden der Wassermoleküle sofort, an den Ionen des Salzkristalls zu zerren und zu zupfen. Ein einzelnes Wassermolekül ist allerdings bei weitem nicht stark genug, um ein Na^+ oder ein Cl^- Ion aus dem Kristallgitter zu reißen. Aber gerade an den Kanten und Ecken des Kristalls zerren immer mehrere Wassermoleküle gleichzeitig und schaffen es daher problemlos, ein Ion aus dem Gitter herauszulösen. Haben es die Wasserteilchen erst einmal geschafft, eins der Ionen aus dem Kristallverbund zu befreien, folgt Schritt zwei: Durch seine, im Vergleich zu den Wassermolekülen, starke positive oder negative Ladung zieht das gelöste Ion weitere Wassermoleküle an, die sich dann wie eine Schale um das entsprechende Ion legen und seine Ladung sozusagen maskieren. Es wird in elektrischer Hinsicht unsichtbar für die anderen Ionen und Wassermoleküle. Dieses Maskieren ist auch der Grund dafür, warum die aus dem Kristall herausgebrochenen Ionen sich nicht einfach wieder anziehen.

Hydratation von Na+ und Cl− Ionen. Die kleinen griechischen Deltas benutzt man in dieser Schreibweise, um die leicht positive (δ^+) oder negative (δ^-) Ladungsverteilung der einzelnen Moleküle anzuzeigen.

Die Schalenbildung aus Wassermolekülen um die gelösten Ionen nennt man übrigens Hydratation. Zum Herauslösen der Ionen aus dem Gitter wird eine Menge Energie benötigt, da die Ionen viel lieber in ihrem starren Gitter bleiben würden, als mit den anhänglichen Wassermolekülen um die Häuser zu ziehen. Bei der Hydratation wird hingegen ein klein wenig Energie freigesetzt. Diese gewonnene Energie ist aber viel kleiner als die Energie, die die Wassermoleküle benötigen, um das starre Gitter der verbundenen Ionen aufzubrechen. Die hierfür benötigte Energie muss also woanders herkommen. Das ist der Grund, warum es sich beim Lösen von Speisesalz in Wasser um eine endotherme Reaktion handelt. Es wird mehr Energie benötigt, als die Reaktion hergibt. Die Folge davon ist, dass zusätzliche Energie in Form von Wärme aus der direkten Umgebung absorbiert wird. Das heißt also, wenn man Salz in Wasser auflöst, dann wird die Mischung (das Salzwasser) tatsächlich kälter.

Der Effekt ist so groß, dass ihr ihn zu Hause sogar mit sehr einfachen Mitteln nachmessen könnt. Nehmt euch ein großes Glas Wasser, das Zimmertemperatur hat, und messt über zehn Minuten alle 30 Sekunden mit einem Thermometer die Temperatur. Dann nehmt ihr zwei bis drei Esslöffel Salz und rührt es in euer Wasser. Nach kurzer Zeit sollte die Temperatur des Wassers um ein bis zwei Grad gefallen sein.

Mit dem Auflösen des Salzes haben wir den zweiten Effekt, der die Temperatur runterbringt, aber unter 0 °C würden wir damit ohne den dritten Effekt trotzdem nicht kommen. Denn auch, wenn wir dem Wasser-Eis-Gemisch durch die Zugabe von Salz weiter Energie in Form von Wärme entziehen und es damit abkühlen, wäre bei 0 °C ja immer noch ein Phasenübergang zwischen flüssig und fest vorhanden. Das heißt, wenn wir unserem Wasser-Eis-Gemisch einfach nur weiter Energie in Form von Wärme entziehen, müsste es eigentlich erst einmal wieder komplett zu

Eis werden, bevor die Temperatur unter 0 °C sinken könnte. Dass das aber nicht so ist, haben wir dem dritten Effekt zu verdanken.

Effekt 3: die Gefrierpunkterniedrigung

Dadurch, dass wir Salz in unserem Wasser-Eis-Gemisch lösen, kühlen wir es nicht nur ab, sondern wir verschieben auch die Linie zwischen fest und flüssig im Phasendiagramm ein Stückchen nach links. Was aber auch bedeutet, dass wir das Stoppschild, an dem die Temperatur den Phasenübergang abwarten müsste, um weiter zu sinken, erst bei viel niedrigeren Temperaturen sehen.

Die Folge davon ist, dass das Wasser-Salz-Gemisch dann nicht mehr bei 0 °C gefriert, sondern erst viel später. Die Temperatur des Salzwassers kann also ohne Probleme unter 0 °C fallen, obwohl noch Eisstücke aus nicht salzigem Wasser in ihm herumschwimmen. Wie weit die Temperatur der Mischung unter 0 °C sinken kann, hängt davon ab, wie viel Salz ihr in die Mischung kippt.

Folgender Zusammenhang beschreibt, um wie viel Grad (ΔT) der Schmelzpunkt von Wasser bei wie vielen gelösten Teilchen (b) sinkt.

$$\Delta T = 1{,}86\, \frac{K \cdot kg}{mol} \cdot b$$

Dieser Gleichung nach sinkt der Schmelzpunkt bzw. Gefrierpunkt der Mischung also um 1,86 °C pro einem Mol

Teilchen, das in einem Kilogramm Wasser gelöst ist. Was zur Hölle ist ein Mol Teilchen, fragt ihr euch? Vielleicht erinnert sich der ein oder andere von euch sogar noch an den Chemieunterricht, für den Rest erkläre ich es rasch noch einmal. Ein Mol Teilchen sind genau so viele Teilchen, wie in 12 Gramm des Kohlenstoff-Isotops ^{12}C enthalten sind, und das sind immer genau *6,022140857·10²³* Teilchen, also über 602 Trilliarden. Diese lange Zahl nennt man auch die Avogadro-Konstante. Sie wurde vor Ewigkeiten von Chemikern definiert, damit man bei den chemischen Formeln, die man aufschreibt, nicht aneinander vorbeiredet, sondern immer von der gleichen Menge Teilchen spricht, auch wenn die Elemente unterschiedlich schwer sind. Das atomare Gewicht, also die Zahl, die im Periodensystem immer unter dem Elementsymbol steht, entspricht dank ihrer Definition übrigens auch immer dem Gewicht (in Gramm) von genau einem Mol Teilchen des entsprechenden Elements. Man kann damit also sehr leicht eine bestimmte Menge an Teilchen abwiegen, ohne sie aufwendig zählen zu müssen. Mol bedeutet also nichts anderes als eine bestimmte Menge an Teilchen.

Weiter im Text: Lösen wir nun also eine bestimmte Menge an Teilchen (gemessen in Mol) in unserem Kilogramm Wasser beziehungsweise Eiswasser auf, dann sinkt die Temperatur pro Mol gelöster Teilchen jeweils um 1,86 °C. Ich spreche hier aus gutem Grund übrigens die ganze Zeit von Teilchen. Wenn wir nämlich ein Mol Natriumchlorid in Wasser auflösen, dann entsteht dabei ein Mol Na^+ und ein Mol Cl^-, also insgesamt zwei Mol Teilchen! Bei der Lösung von einem Mol Natriumchlorid in einem

Kilogramm (1 Liter) Wasser sinkt der Schmelzpunkt demnach schon um 3,72°C. Bei zwei Mol Natriumchlorid pro Kilogramm Wasser um 7,44°C und so weiter und so weiter.

Das Ganze geht so lange, bis sich kein weiteres Salz mehr im Wasser lösen lässt. Bei einer vollkommen gesättigten Salzlösung liegt der Gefrierpunkt bei circa −21°C.

Der Effekt der Gefrierpunterniedrigung macht sich auch noch bei anderen Gelegenheiten nützlich. Im Winter zum Beispiel streut man Salz, um den Schnee und das Eis auf den Straßen zu schmelzen. Hier passiert nichts anderes, als dass das Salz den Gefrierpunkt des Wassers ein gutes Stück nach unten setzt, wodurch das Eis wieder flüssig wird. In weiten Teilen Russlands würde das übrigens nicht funktionieren, da das Salzwasser bei Temperaturen unter −21 Grad ja einfach wieder gefrieren würde. Wenn ihr im nächsten Winter die großen Säcke Streusalz im Discounter herumliegen seht, dann werft vorher einen Blick aufs Außenthermometer, ob es sich überhaupt lohnt, einen davon nach Hause zu schleppen.

Da zu viel Salz ohnehin schlecht für die Umwelt ist, könnt ihr auch einfach mit Zucker streuen. Die Schmelzpunterniedrigung ist nur davon abhängig, wie viele Teilchen im Wasser gelöst sind. Ob es sich nun um Zucker- oder Salzteilchen handelt, ist dem Wasser relativ egal. Allerdings ist Zucker nur halb so effektiv wie Salz, da aus einem Mol Zucker, den man löst, auch nur ein Mol gelöste Teilchen entstehen und nicht, wie beim Salz, zwei. Ihr bräuchtet also doppelt so viel Zucker wie Salz, um den gleichen Effekt zu erzielen. Das Ganze könnte recht schnell eine klebrige Angelegenheit werden. Behaltet einfach nur im Gedächtnis, dass im Notfall auch ein Paket Zucker reichen würde, um ein paar Bierchen abzukühlen.

Keiner der drei Effekte ist allein dafür verantwortlich, dass unsere Kältemischung funktioniert, sondern jeder trägt einen kleinen Teil zum erstaunlichen Gesamtergebnis bei. Als ich genau diese Zusammenhänge in unserer Küche zum Besten gab, dauerte es nur knappe zehn Minuten, bis Tom und Mattes wieder Richtung Playstation schielten und Yuri langsam wegdämmerte. Einzig Inge schien sich wirklich für den ganzen Kram zu interessieren. Na ja, wie dem auch sei, knappe zehn Minuten später hatten wir dank einer Mischung aus ein wenig Physik und einer Portion Chemie ein kaltes und erfrischendes Bier in der Hand.

Yuri wollte gerade wieder ansetzen, wild gestikulierend von seinem großartigen Plan für diese Nacht zu berichten, als wir ein lautes Poltern hörten, gefolgt von russischen Flüchen. Einen kurzen Moment später hämmerte jemand fordernd mit seiner Faust gegen unsere Wohnungstür. Da ich der besagten Tür am nächsten saß, stand ich auf und öffnete. Vor mir stand ein großer, schlaksiger Mann, vielleicht Anfang dreißig, in Cordhosen, mit tätowierten Unterarmen und kurzgeschorenen Haaren. Wäre diese Gestalt vor unserer Tür nicht so dünn gewesen wie Kate Moss in ihren fetten Jahren, hätte man tatsächlich ein wenig Angst bekommen können. So erinnerte mich die schmächtige, leicht abgerissene Gestalt mit der selbstgedrehten Zigarette hinterm Ohr aber eher an einen Zivildienstleistenden, der nicht mitbekommen hatte, dass sein Dienst vor mindestens zehn Jahren eigentlich zu Ende gewesen wäre. Als mein fragender Blick auf die Kabeltrommel in der Hand des Mannes fiel, grinste dieser nur, steckte sich die Zigarette in den Mund und nuschelte mit einer extrem tiefen Stimme, die seine Erscheinung nicht hatte vermuten lassen, etwas auf Russisch, das alles zwischen einer Beleidigung und einer Begrüßung hätte sein können. Über seine Schulter hinwegblickend, sah ich die anderen, in schwarze Kapuzenpullis gekleideten Personen, die vorhin mit Yuri und Inge angekommen waren und nun die ominösen schwarzen Kisten aus dem VW-Bus in Richtung unseres Dachboden schafften. Zwei von ihnen waren dabei wie selbstverständlich damit beschäftigt, mehrere Kabel mit Gaffa Tape in unserem Hausflur zu verlegen. Ich meinte einen kurzen Moment lang, eine Lichtorgel, einen Bassverstärker und Teile eines Schlagzeugs zu erkennen, als der mittlerweile rauchende Dauerzivi seine Worte diesmal etwas energischer und leicht genervt wiederholte. Zum Glück kam genau in diesem Moment Yuri dazu, schob mich zur Seite, und die beiden fielen sich lachend in die Arme. Nach zehn Minuten, in denen ich nicht einmal ansatzweise ein Wort verstand, obwohl mehrmals mit einem lauten Lachen in meine Richtung gezeigt wurde, stellte Yuri uns die magersüchtige Version eines russischen Türstehers als seinen alten Schulfreund Ivan vor, den er vor zwei Wochen zufällig am Glühweinstand auf dem Weihnachtsmarkt in Bochum getroffen hatte. Ivan und Yuri hatten früher jahrelang gemeinsam in einer Schulband gespielt, und als Yuri sich entschied, ins Ruhrgebiet zu ziehen, musste er notgedrungen die Band verlassen. Wie Yuri erzählte, feierte die russische Hardcore-Band mit dem klangvollen Namen »rvet krolika«, was so viel heißt wie »Die kotzenden Kaninchen«, in den folgenden Jahren dann trotz seiner (wir alle sind der festen Überzeugung, *dank* seiner) Abwesenheit ihre ersten kommerziellen Erfolge im osteuropäischen Raum. Ivan tourte daher mittlerweile hauptberuflich mit dem Rest der Band in einem kleinen LKW quer durch Europa, und da zum Jahreswechsel wohl eine kleine Tourpause anstand, hatte Yuri nicht lange gebraucht, seine alten Freunde dazu zu überreden, unsere Party mit ein wenig Livemusik zu bereichern.

Das war der großartige Plan, von dem er uns schon den ganzen Abend berichten wollte. »rvet krolika« würde heute Abend mit ihm zusammen endlich wieder in der Originalbesetzung auf der Bühne, oder besser gesagt, auf unserem Dachboden stehen. Nachdem er noch ein paar Worte mit Ivan gewechselt hatte, verschwand dieser in den Hausflur, und Yuri verlegte das Kabel aus Ivans Kabeltrommel quer durch die Küche Richtung Fenster. Dort angekommen, öffnete er es und ließ das zehn Meter lange Kabel in unseren Garten hinab, wo noch mehr schwarzgekleidete Personen gerade dabei waren, einen Dieselgenerator aus besagtem kleinen LKW zu hieven und in Betrieb zu nehmen. Ab diesem Moment teilte ich Toms Befürchtungen bezüglich der künstlerischen Gestaltung des Abends.

Erwachsene Kinder – Batterien

Toms Zimmer: 20.54 Uhr

Ivan und seine Helfer in den schwarzen Kapuzenpullis hatte ich seit gut einer Stunde nicht mehr gesehen, und auch Yuri verlor kein weiteres Wort über den Dieselgenerator im Garten und die überall im Hausflur herumliegenden Kabel. Aus Erfahrung beschloss ich, auch nicht weiter nachzufragen und die Dinge einfach geschehen zu lassen, schließlich war Silvester! Sorgen hatten, genau wie die guten Vorsätze, Zeit bis zum nächsten Jahr, das erst in ein paar Stunden beginnen würde.

In der Zwischenzeit war auch das restliche Bier auf eine trinkbare Temperatur abgekühlt, und die gesamte Wohnung hatte sich mit dem üblichem Partyvolk, das im Dunstkreis unserer WG lebte, gefüllt. Da waren die jungen Lehrerpärchen, die in der Küche über Kindergeld, Elternzeit, Windel-Abos und Urlaubsplanung diskutierten, die Nerds, die sich mit »Blutwein« auf Klingonisch zuprosteten und dabei über Modifikationen von Nerf Guns fachsimpelten, die Punks aus dem nahe gelegenen autonomen Zentrum, die unsere Party wie jedes Jahr mit ein paar Kofferraumladungen pfandfreiem holländischen Dosenbier bereicherten und noch eine ganze Reihe anderer schräger Vögel. Wie eigentlich immer, war es die angenehm bunte Schnittmenge unserer Freundeskreise: Von der am ganzen Körper mit bunten Bildern bemalten Tätowiererin vom Tattoostudio an der Ecke bis hin zum Anzugträger aus Mattes' Firma war alles vertreten. In sämtlichen Räumen, vom Hausflur bis zur Küche, unterhielten sich Leute, es wurde herzhaft gelacht, getrunken und geraucht, während gitarrenlastige Musik den Dielenboden leicht vibrieren ließ und ein süßlicher Rauchschleier unsere Wohnung in das neblige London Sir Arthur Conan Doyles verwandelte.

In Toms Zimmer, das direkt gegenüber der Wohnküche lag, hatten wir einen zusätzlichen, recht klapprigen Tisch und zwei Sofas, die den Rest des Jahres auf dem Dachboden ihr Dasein fristeten, aufgestellt. Toms heiliger Kicker, der sonst wie ein Altar in der Mitte des Raumes stand, war mit einer Platte abgedeckt und als Getränkebar degradiert in die linke hintere Ecke verschoben worden. Da es in unserem Freundeskreis allgemein bekannt war, dass die Getränkeversorgung auf unseren Silvesterpartys in der Mitverantwortung der Gäste lag, hatten sich auf der provisorischen Kicker-Bar mit Selbstbedienung innerhalb kürzester Zeit neben Yuris selbstgebranntem Wodka in Sprudelflaschen etliche andere hochprozentige Spirituosen angesammelt. Auch hier war vom selbstgemischten Mexikaner bis hin zum Pfeffi, den wir auch liebevoll als »Festivalzahnbürste« bezeichneten, alles dabei, was eine Silvester-party irgendwann aus dem Ruder laufen lassen könnte.

Tom, Mattes, Yuri und Inge hatten sich auf den Sofas um den klapprigen Tisch niedergelassen und wurden von einer kleinen Menschentraube umringt. Als ich näher kam, konnte ich gerade noch mitverfolgen, wie Mattes mit einem riskanten, aber sehr effektiven Flugmanöver dafür sorgte, dass Inge, begleitet von lautem Raunen der Umstehenden, das letzte Pinnchen der ersten Flasche von Yuris Selbstgebranntem exte und das Glas mit einem von Ekel verzogenen Gesicht anschließend auf den Tisch knallte.

Weder der Religionslehrer noch der kleine Russe oder die trinkfeste Kölnerin hatten anscheinend aus den letzten Jahren etwas gelernt … Wenn Mattes seine leicht modifizierte Version von *Looping Louie* auf den Tisch stellte, dann sah man am besten zu, dass man Land gewann, bis Mattes drei unbedarfte Seelen – oder besser: Opfer – für sein Spiel gewonnen hatte. Mattes' Version von *Looping Louie* erinnert nur noch sehr entfernt an das beliebte Kinderspiel, das seinen wahrscheinlich kommerziell deutlich erfolgreicheren zweiten Frühling als Trinkspiel für die Elterngeneration erlebte.

Bei der ursprünglichen Version von *Looping Louie* geht es darum, den mehr oder weniger chaotische Flugmanöver ausführenden Louie in seinem kleinen roten Plastikflugzeug mittels eines Katapults von seinen drei durch Plastikscheiben symbolisierten Hühnern fernzuhalten und weiter zu seinen Gegnern zu schicken. Louie ist über mehrere Gelenke an einem Plastikarm in der Mitte des Spiels befestigt und wird von einem kleinen, sich langsam drehenden

Motor auf seine niemals endende Rundtour von Hühnerstall zu Hühnerstall geschickt.

Die Zeiten, in denen Mattes' Louie Hühner gejagt hatte, waren aber schon lange vorbei. Der bastelbegeisterte Brite hatte seine Version mit so ziemlich allem ausgestattet, was der Zubehörmarkt für die Umrüstung zum Trinkspiel zu bieten hatte. Er konnte das Spiel bei Bedarf von vier auf bis zu acht Spieler erweitern und hatte außerdem die Steuerplatine ausgetauscht, so dass Louie auch rückwärts und mit variierenden Geschwindigkeiten flog. Außerdem war es seit letztem Jahr möglich, das Flugverhalten des kleinen tapferen Piloten und damit den Schwierigkeitsgrad des Spiels durch verschiedene Gewichte, die man an den Flügeln des Flugzeugs anbringen konnte, zu modifizieren. Kurz gesagt: Louies Flugkünste erinnerten mittlerweile, je nach Einstellung, sehr stark an eine Mischung aus Quack dem Bruchpiloten und einem Duracell-Häschen auf Steroiden. Aber nicht nur technisch, auch optisch hatte Mattes einiges getan, um dem Spiel eine persönliche Note zu verleihen. Louies ehemals rotes Flugzeug hatte den charakteristischen silbrig-dunkelblauen Anstrich einer Grumman F6F Hellcat, aus den Hühnern waren kleine japanische Soldaten in ihren Bunkern geworden und aus einem nachträglich angebauten Lautsprecher dudelte dazu passend unaufhörlich die 8-bit-Titelmusik des Amiga-500-Spieleklassikers »Wings of Fury«.

Die Energie, die Mattes in die Modifikation des kleinen Plastikspielzeugs gesteckt hatte, war allerdings noch gar nichts, gemessen daran, wie viel Zeit er in seine Spielstrategie investiert hatte. Mit einem perfekt ausgeführten Hieb auf das eigene Katapult und bei gewissem Anflugwinkel von Sergeant Louie war es möglich, den am Spieltisch gegenübersitzenden Kontrahenten mit einem nicht abwehrbaren Luftschlag anzugreifen. Diesen undankbaren Platz des leichten Opfers nahm in jener Silvesternacht Yuris Freundin Inge ein.

Drei Partien und neun Schnäpse später sah man Inge aber langsam an, dass sie ihre Entscheidung, es noch einmal mit Mattes aufnehmen zu wollen, bereute. So war es auch nicht verwunderlich, dass sie hörbar aufatmete, als Louie in Partie Nummer vier nach einem grandiosen Start plötzlich mitten in der Luft verharrte und die 8-bit-Musik aus dem kleinen Lautsprecher nach und nach leiser wurde, bis nur noch ein klägliches Knacken zu hören war. Die zwei AA-Batterien, die Louie Leben eingehaucht hatten, waren am Ende ihrer Kräfte.

Zu Mattes' großem Bedauern waren gerade Batterien dieser Größe in unserer Wohngemeinschaft absolute Mangelware, und alles, was Tom ihm anbieten konnte, war unsere Batterie-Grabbelkiste. In dieser Kiste, die für gewöhnlich in der Nähe des Mülleimers gelagert wurde, landeten bei uns früher oder später alle Batterien, sei es nun aus dem Milchaufschäumer, dem Duschradio oder der Taschenlampe. Die meisten Batterien waren komplett leer und reichten nicht einmal mehr dafür aus, die Fernbedienung ein paar Tage zu befeuern. Gelegentlich kam es aber auch vor, dass sich eine halbvolle oder sogar eine noch fast komplett geladene Batterie aufgrund eines unaufmerksamen Mitbewohners zu ihren spannungsarmen Brüdern und Schwestern verirrte. Auch wenn die Chance recht gering war, bestand also immer die Möglichkeit, in dieser Kiste doch noch eine brauchbare Batterie zu finden. Die Kunst lag nur darin, diese brauchbare Batterie unter den vielen Nieten ausfindig zu machen. Herkömmlichen Batterien kann man nun aber leider nicht ansehen, ob sie leer oder voll sind. Genau vor diesem Problem stand damals, wie viele andere vor ihm, auch Mattes. In der Kiste lagen gut und gerne 30 Batterien, von denen zwar schon einige ausgelaufen waren, was man an den kleinen weißen Kristallen an ihren Enden erkennen konnte, aber selbst nach Ausschluss dieser blieben noch mindestens 20 Kandidaten übrig. Alle Batteriekombinationen durchzuprobieren, bis Sergeant Louie seinen Kampf gegen die japanische Übermacht fortsetzen konnte, kam zeitlich nicht in Frage. Das Problem musste also auf andere Art gelöst werden.

Das Experiment: der Batterie-Springversuch

Eine recht bekannte und weitverbreitete Möglichkeit, die Spannung einer Batterie zu überprüfen, ist, daran zu lecken. Während man das bei einem kleinen Neun-Volt-Block, bei dem die beiden Pole direkt nebeneinander liegen, noch machen kann, um dann anhand des Schmerzes eine Vorstellung vom Ladezustand der Batterie zu gewinnen, fällt diese Methode bei den AA-Zellen aus geometrischen Gründen leider weg. Es sei denn, man heißt zufällig Gene Simmons und ist Bassist einer berühmten Hardrock-Band ... Abgesehen vom Messen mit einem Messgerät (das meist nicht zur Hand ist) oder der eigenen Zunge (was nicht möglich oder sehr unangenehm ist), gibt es aber noch eine andere, recht einfache und effektive Methode, den Ladezustand einer Batterie zu überprüfen. Alles, was man dafür tun muss, ist, immer drei Batterien aus einer Höhe von circa 20 Zentimetern auf eine ihrer Enden fallen zu lassen und die Batterie, die nach dem Aufprall am höchsten zurückspringt, auszusortieren.

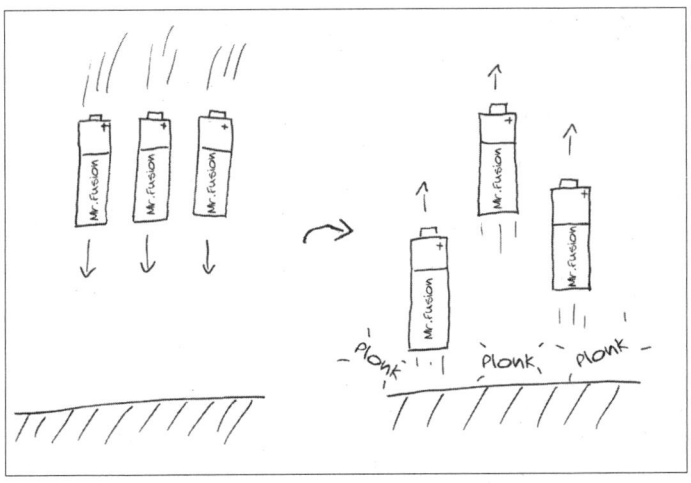

Die Batterie mit dem niedrigsten Ladezustand ist immer die, die am höchsten springt.

Dieses Procedere wiederholt man mit allen verbliebenen Batterien. Bei insgesamt 20 Batterien wären das also gerade einmal 18 schnelle Fallversuche, was nur etwas mehr als eine Minute dauern dürfte. Die beiden Batterien, die von den letzten dreien am wenigsten hoch springen, sind die vollsten, die in der Kiste zu finden sind. Zugegeben, man erfährt bei dieser Methode nicht viel über den tatsächlichen Ladezustand der Batterie, aber man kann so zumindest schnell die zwei vielversprechendsten Kandidaten aus der Kiste herausfiltern.

Unter uns: Hätte mir damals jemand erzählt, dass ich zum Herausfischen der vollsten Batterien nichts anderes tun müsste, als zu gucken, welche am wenigsten hoch springen, hätte ich diese Person sicherlich für bekloppt erklärt! In Mattes' Kopf mussten sich damals ähnliche Dinge abgespielt haben, denn nachdem ich ihm den Vorschlag unterbreitet hatte, sah er zuerst mich und dann meinen Mitbewohner auf eine Weise an, als wolle er sagen: »Okay, es hat länger gedauert, als wir alle dachten, aber jetzt ist der weltfremde Physiker vollkommen durchgeknallt!« Da Tom auf Mattes' fragenden Blick aber nur mit leichtem Schulterzucken reagiert hatte, nahm er tatsächlich die Grabbelkiste und fing an, die Batterien auf den Tisch fallen zu lassen. Nach circa zwei Minuten war er mit dem Fallexperiment fertig, und wenige Sekunden später schwang sich Sergeant Louie zu den donnernden Tönen der heroischen 8-bit-Musik wieder in die Lüfte.

Durch das unterschiedliche Springverhalten von baugleichen Batterien darauf zu schließen, welche Batterien noch voll und welche bereits entladen sind, klingt im ersten Augenblick … na, sagen wir mal, merkwürdig, aber diese Methode funktioniert tatsächlich sehr gut, solange ein paar der Batterien in der Kiste noch eine Restladung von mehr als 50 % ihrer ursprünglichen Kapazität aufweisen. Warum das so ist, haben im Jahr 2015 Forscher aus den USA systematisch untersucht und ihre Erkenntnisse in der Fachzeitschrift *Journal of Materials Chemistry A* in einem Fachaufsatz mit dem Titel *The relationship between coefficient of restitution and state of charge of zinc alkaline primary LR6 batteries* veröffentlicht.[*] Die Wissenschaftler fanden den Grund für das unterschiedliche Springverhalten in der chemischen Zusammensetzung und den Reaktionsprodukten, die beim Entladen der Batterien entstehen. Um zu verstehen, was für Reaktionsprodukte das sind und wie sie das Springverhalten der Batterien beeinflussen, müssen wir uns zuerst einmal ansehen, wie so eine Batterie überhaupt aufgebaut ist und wie sie funktioniert. Batterien sind schon über zweihundert Jahre alt und damit betagter als die ersten Stromgeneratoren. An ihrem Funktionsprinzip hat sich bis heute nicht viel geändert.

Grundlage jeder Batterie sind eine oder mehrere sogenannte galvanische Zellen. Die einfachste Form so einer galvanischen Zelle besteht schlicht aus zwei unterschiedlichen Metallstreifen, die in einem Elektrolyt stecken. Der Elektrolyt ist dabei ein beliebiger fester oder flüssiger Stoff, der frei bewegliche Ionen enthält, also zum Beispiel das Salzwasser aus dem vorangegangenen Kapitel. Berühren beide Metalle den Elektrolyten, ohne sich gegenseitig zu berühren, kann man zwischen ihnen eine Spannung messen.

---

[*] The relationship between coefficient of restitution and state of charge of zinc alkaline primary LR6 batteries; Bhadra, Shoham, Hertzberg, Benjamin J., Hsieh, Andrew G. et al.; J. Mater. Chem. A, Vol. 3, Iss. 18, pp. 9395-9400; 2015.

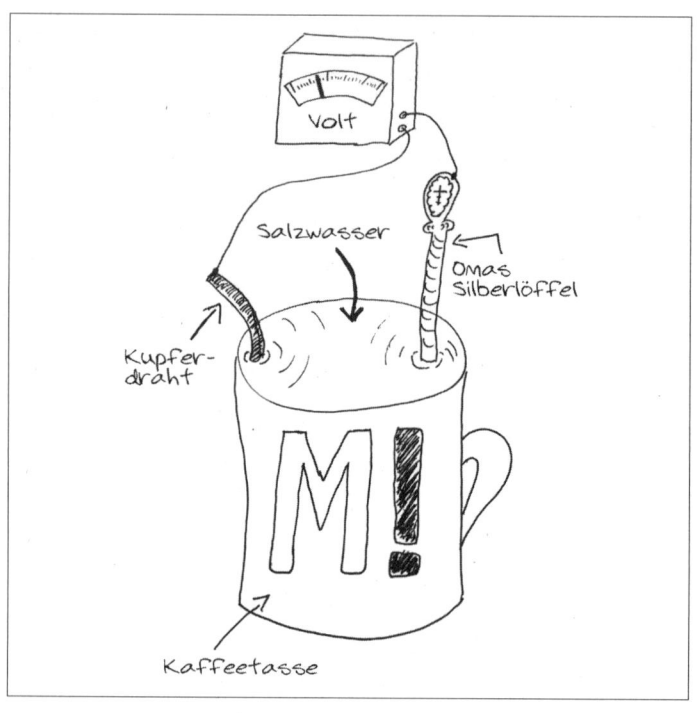

Das hier wäre eine simple galvanische Zelle, die man mit Alltagsgegenständen schnell zusammenbauen könnte ... vorausgesetzt, ihr könnt eurer Oma den guten Silberlöffel abschwatzen.

Ein Becher mit Salzwasser, in den ihr einen von Omas guten Silberlöffeln und ein Stück Kupferdraht steckt, ist also schon eine galvanische Zelle, an der ihr eine, zugegeben, nur sehr kleine Spannung messen könnt. Herausgefunden hat das 1780 Luigi Galvani, ein italienischer Biophysiker, der sich wunderte, dass die Froschschenkel, die er untersuchte, immer genau dann zuckten, wenn er sie mit zwei unterschiedlichen Metallen berührte. Was allerdings genau dabei passierte beziehungsweise warum oder wie genau dort offenbar eine Spannung entstand, wusste er nicht.

Die erste richtige »Batterie«, wenn man sie denn schon so nennen möchte, erfand 20 Jahre später Alessandro Volta, indem er mit vielen Materialkombinationen herumexperimentierte und dann mehrere solcher galvanischer Zellen in seiner Volta'schen Säule aufeinanderstapelte. Alessandro Volta, mit vollem Namen Alessandro Giuseppe Antonio Anastasio Graf von Volta, ist übrigens auch der Mann, nach dem die Einheit für die elektrische Spannung benannt wurde. Sein Name (wenn auch stark verkürzt) findet sich bis heute in Form der Einheit Volt auf jeder Batterie.

Die Volta'schen Säulen bestanden zum Beispiel aus Kupfer und Zink, die abwechselnd als dünne Scheiben aufeinandergeschichtet wurden. Nach jeder zweiten Metallplatte folgte dabei eine isolierende Schicht aus Papier, Stoff oder Leder, die mit einem Elektrolyt getränkt war. Dadurch, dass Volta so mehrere galvanische Zellen hintereinandergeschaltet hatte, konnte er viel höhere Spannungen als mit nur einer Zelle erreichen.

Heutige Batterien sind zwar viel kompakter und effizienter als Voltas Säulen, funktionieren aber immer noch nach dem gleichen Prinzip. Sie wandeln chemisch gespeicherte Energie in Strom um. Ebenso wie zu Voltas Zeiten schließt man auch heute noch in manchen Batterien mehrere galvanische Zellen zusammen, um höhere Spannungen zu erhalten. Eine Neun-Volt-Blockbatterie zum Beispiel ent-

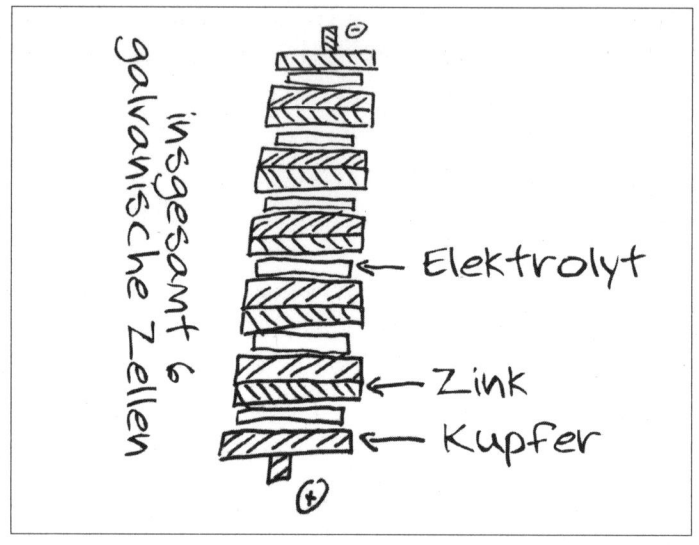

Durch die Aneinanderreihung mehrerer galvanischer Zellen in der Volta-schen Säule konnte Strom das erste Mal effektiv genutzt werden.

hält meist sechs galvanische Zellen, die mit jeweils einer Spannung von 1,5 Volt hintereinandergeschaltet sind und sich so zu den neun Volt der Batterie addieren.

Auch sonst sind die Batterien, die wir heute verwenden, den ersten Versuchen von Volta und Co. gar nicht so unähnlich. Die wesentliche Änderung besteht wahrscheinlich in den Materialien, aus denen wir unsere galvanischen Zellen aufbauen.

Aber wie genau entsteht in diesen galvanischen Zellen aus zwei Metallen und einem Elektrolyt Strom? Und was wird da eigentlich verbraucht, wenn wir die Batterie entladen? Ist da am Schluss weniger Material drin als vorher?

Da es heute unzählige Formen und Varianten von Batterien gibt, sind diese Fragen leider nicht so leicht pauschal zu beantworten. Ich erkläre das Phänomen daher stellvertretend an der heute wohl am besten bekannten und verbreitetsten Batterieform: an einer 1,5-Volt-Zink-Mangan-Batterie oder auch Alkali-Mangan-Batterie genannt.

Am ersten Namen der Batterie kann man schon ablesen, welche beiden Metalle im galvanischen Element enthalten sind, nämlich Zink und Mangan. Der zweite Name hingegen verrät uns etwas über das verwendete Elektrolyt: Es ist alkalisch. Alkalisch bedeutet, dass in dieser Lösung frei bewegliche OH^- Ionen vorhanden sind, so dass es sich um eine sogenannte Lauge handelt, die das Gegenteil einer Säure darstellt. Obwohl man bei Batterien im allgemeinen Sprachgebrauch immer von Batteriesäure redet, wenn irgendwas Flüssiges aus der Batterie herausläuft, handelt es sich dabei häufig gar nicht darum, sondern eben um das genaue Gegenteil. Für den Alltag macht das aber keinen großen Unterschied, denn auch mit Laugen kann man sich schwere Verätzungen zufügen, wenn man sie auf die Haut oder – noch schlimmer – ins Auge bekommt. Aus genau diesem Grund ist es nicht ratsam, eine Batterie aufzuschneiden, um zu erfahren, wie sie aufgebaut ist. Darum habe ich das hier für euch exemplarisch aufgezeichnet.

In so einer Zink-Mangan-Batterie bildet ein Metallbecher gleichzeitig sowohl die äußere, robuste Hülle der Batterie als auch den elektrischen Pluspol. Die Bezeichnung Becher trifft es an dieser Stelle tatsächlich ganz gut, da alles innerhalb desselben mit dem Elektrolyt, also der Lauge, getränkt

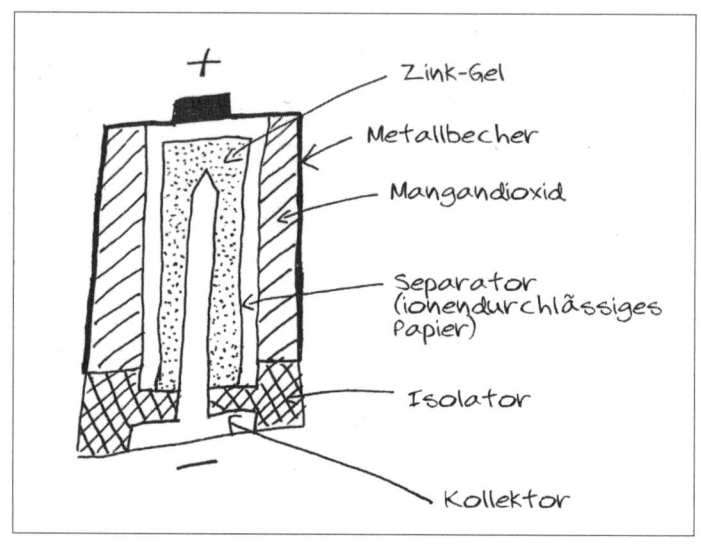

Querschnitt einer 1,5-Volt-Zink-Mangan-Batterie.

ist. Direkt unter diesem Metallmantel ist die Batterie mit einer dicken Schicht aus Mangandioxid, dem ersten Metall unserer galvanischen Zelle, ausgekleidet. Auf der Innenseite dieser Mangandioxid-Füllung befindet sich eine ionendurchlässige Schicht aus einem besonderen Papier, welche das Mangandioxid vom zweiten Metall der Zelle trennt. Innerhalb dieses Papiers finden wir eine gelartige Zinkpaste, in deren Mitte sich ein kleiner Metallstab befindet, der durch einen Isolator zum anderen Ende der Batterie geführt wird und dort den elektrischen Minuspol bildet. Wenn wir der Batterie Energie in Form von Strom entnehmen, dann bedeutet das, dass Elektronen vom Minuspol der Batterie über unseren Verbraucher, sei es nun ein Gameboy, *Looping Louie* oder ein schnödes Glüh-birnchen, zum Pluspol der Batterie wandern und dabei Arbeit verrichten.

Die Elektronen wandern vom negativen Pol der Batterie zum positiven und verrichten dabei Arbeit.

Die Frage ist jetzt: Wo kommen diese Elektronen her, und wo gehen sie hin?

Da die Elektronen vom Minuspol kommen und zum Pluspol hinwandern, müssen sie gezwungenermaßen aus der Zinkpaste kommen und nach getaner Arbeit ins Mangandioxid wandern. Aber warum tun die Elektronen das überhaupt?

Wie am Anfang dieses Abschnitts erwähnt, macht eine Batterie nichts anderes, als chemisch gespeicherte Energie in elektrische Energie umzuwandeln. Das heißt, die beiden

Metalle in der Batterie müssen irgendwie so miteinander reagieren, dass dabei Energie frei wird. Genau das passiert beim Entladen, nur, dass die einzelnen Reaktionspartner nicht direkt miteinander reagieren können, sondern einen kleinen Umweg über den Verbraucher gehen müssen.

Schauen wir uns das der Reihe nach an: Die Elektronen, die aus der Batterie durch unseren Verbraucher fließen, kommen aus dem Zink, das mit den OH^- Ionen der Lauge reagiert.

$$Zn + 2OH^- \rightarrow ZnO + H_2O + 2e^-$$

Dabei entstehen zwei freie Elektronen, Zinkoxid und Wasser. Man sagt auch, das Zink wird oxidiert, da es Elektronen abgibt. Da die zwei Elektronen aus dem Zink jetzt nicht mehr an die Atome gebunden sind und sich relativ frei bewegen können, gehen sie wortwörtlich den Weg des geringsten Widerstandes. In unserem Fall heißt das, sie wandern durch den Verbraucher zum Pluspol der Batterie. Dort angekommen, reagieren sie mit dem Mangandioxid und dem Wasser des Elektrolyts.

$$MnO_2 + e^- + H_2O \rightarrow Mn(OOH) + OH^-$$

Diese Reaktion nennt man eine Reduktion, weil das Mangandioxid Elektronen aufnimmt. Lässt man den kleinen Umweg der Elektronen außerhalb der Batterie außer Acht, ist insgesamt Folgendes passiert: Aus einem Mol Zink ist ein Mol Zinkoxid geworden, und aus einem Mol Mangandioxid ist ein Mol Manganid (Braunstein) gewor-

den. Das Zink wurde also oxidiert und das Mangan reduziert. So eine Reaktion, bei der ein Reaktionspartner oxidiert (Elektronen abgibt) und der andere reduziert wird
(Elektronen aufnimmt), bezeichnet man auch als Redox-
reaktion. Eigentlich laufen bei diesem chemischen Prozess
noch ein paar Nebenreaktionen ab, die ich der Übersicht-
lichkeit halber aber an dieser Stelle weggelassen habe. Für
unser Fallexperiment und die eigentliche Funktion der
Batterie haben sie auch keine weitere Bedeutung.

Obwohl das Zink und das Mangan von der Papierschicht
getrennt waren, konnten sie trotzdem über den Umweg
außerhalb der Batterie Elektronen austauschen und so miteinander reagieren. Das ist das Grundprinzip einer jeden
Batterie.

Nachdem wir nun die wesentlichen chemischen Prozesse in einer Mangan-Zink-Batterie kennengelernt haben,
wissen wir endlich, was genau bei der Entladung eigentlich
aufgebraucht wird: Durch die chemische Reaktion des
Zinks und des Manganoxids wird Energie frei, die wir in
Form von Strom aus der Batterie entnehmen können. Das
geht so lange gut, bis ein Großteil des Zinks in Zinkoxid
und des Mangandioxids in Manganit umgewandelt wurde.
Mit der chemischen Umwandlung der Stoffe ändert sich
aber nicht nur einfach ihre Zusammensetzung, sondern
auch deren physikalische Eigenschaften, zum Beispiel die
Härte.

Wir kennen solche Prozesse sehr gut aus dem Alltag:
Reagiert zum Beispiel Eisen (Fe) mit dem Sauerstoff aus
der Luft, wandelt sich das Eisen nach und nach in verschiedene Formen von Eisenoxid um. Eisenoxid ist allgemein

besser unter dem Namen Rost bekannt, und während Eisen elastisch ist, zerbröselt Rost zum Ärger vieler Autobesitzer schon fast beim bloßen Zusehen.

Bei dem Zink in unserer Batterie passiert etwas Ähnliches. Zu Beginn, wenn wir die Batterie noch voll geladen aus ihrer Packung nehmen, liegt das Zink im Inneren in Form einer gelartigen Masse vor. Lassen wir so eine Batterie fallen, dann dämpft die gelartige Substanz einen Großteil des Stoßes beim Aufprall auf den Boden, da sich die einzelnen Zinkpartikel in dem Gel noch recht frei bewegen können. Das ist vergleichbar mit der Knautschzone eines Autos. Wir bekommen als Insassen nicht so viel von einem Stoß ab, weil sich die Karosserie verformt und dadurch einen großen Teil der Energie des Aufpralls absorbiert. Der Anteil, den das weiche Gel aufnimmt, ist natürlich nicht annähernd so groß, schließlich verformt sich die Batterie nicht, aber er reicht aus, um den Aufprall deutlich abzumildern.

Wenn wir die Batterie nach und nach entladen, wird aus der Zinkpaste mit der Zeit Zinkoxid. Die Wissenschaftler haben sich genau diese Umwandlung etwas genauer angesehen und dabei herausgefunden, wie sie abläuft. Ausgehend von der ionendurchlässigen Trennschicht zwischen dem Mangandioxid und dem Zink, bilden sich stellenweise Zinkoxidschichten an den Oberflächen der einzelnen Zinkpartikel innerhalb des Zinkgels.

Mit fortschreitender Entladung schließen sich diese Zinkoxidschichten zu Schalen zusammen, die die Zinkpartikel jeweils komplett umhüllen.

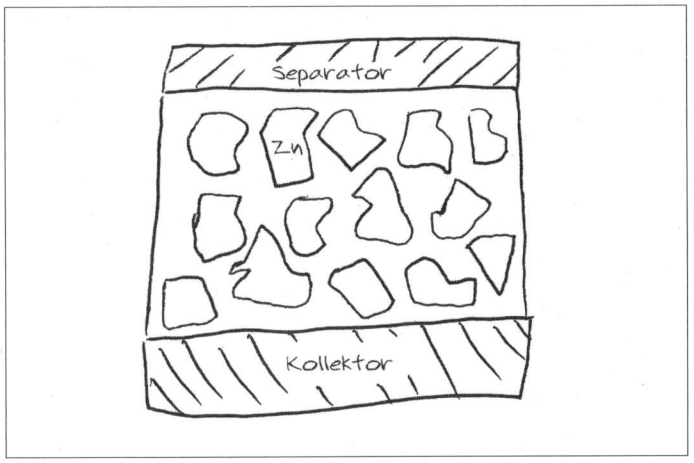

Die Batterie ist noch fast voll geladen, und an den Zinkpartikeln
hat sich noch kein nennenswertes Zinkoxid gebildet.

An den Zinkpartikeln hat sich deutlich Zinkoxid gebildet, und
manche Partikel sind schon voll umschlossen.

Die Zinkpartikel werden dadurch zunehmend größer und können sich nicht mehr ganz so gut bewegen, wodurch sie den Stoß beim Aufprall ein klein wenig schlechter dämpfen. Sind dann alle Zinkpartikel mit Zinkoxid umhüllt und auf eine gewisse Größe angewachsen, beginnen diese umhüllten Partikel, langsam zusammenzuwachsen. Beim Zusammenwachsen bilden sich immer mehr feste Stege, die von der Trennschicht zum Metallstab (dem Kollektor) in der Mitte der Batterie verlaufen.

Wenn sich genug dieser Stege gebildet haben, ist das Zink von einem feinen Netz von festen, sehr harten Zinkoxid-Stegen durchzogen, und die Zinkpartikel können sich quasi nicht mehr bewegen.

Die Forscher haben in ihrer Studie herausgefunden, dass dieser Zustand genau dann erreicht ist, wenn die Batterie zur Hälfte entladen ist.

Ist das Zinkgel erst einmal von so einem starren Netzwerk durchzogen, dämpft es den Aufprall nicht mehr und leitet den Impuls des selbigen komplett weiter, ähnlich wie das Glas der überschäumenden Bierflasche im ersten Kapitel.

Mit diesem Wissen im Hinterkopf ist es nun auch gar nicht mehr erstaunlich, dass Batterien mit zunehmender Entladung höher springen, wenn man sie aus geringer Höhe auf eine harte Oberfläche fallen lässt.

Mit fortschreitender Entladung kann die Zinkpaste durch ihre Verhärtung immer weniger mechanische Energie aufnehmen, wodurch sie den Aufprall immer weniger dämpft, bis er ab 50 % Entladung gar nicht mehr abge-

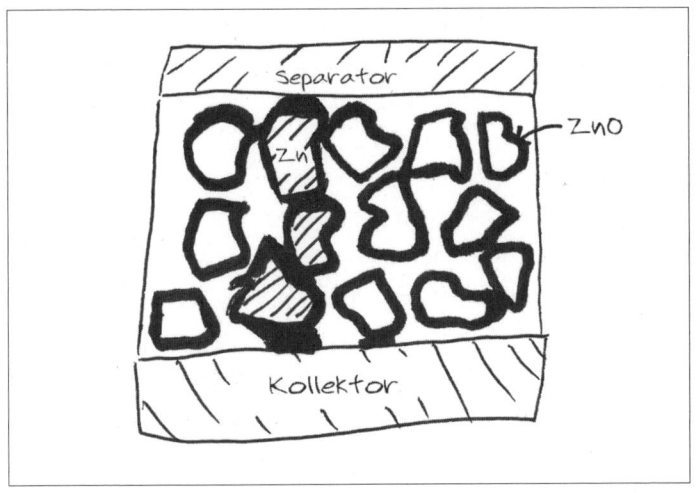

Es haben sich erste Zinkoxid-Brücken zwischen Separator und Kollektor gebildet.

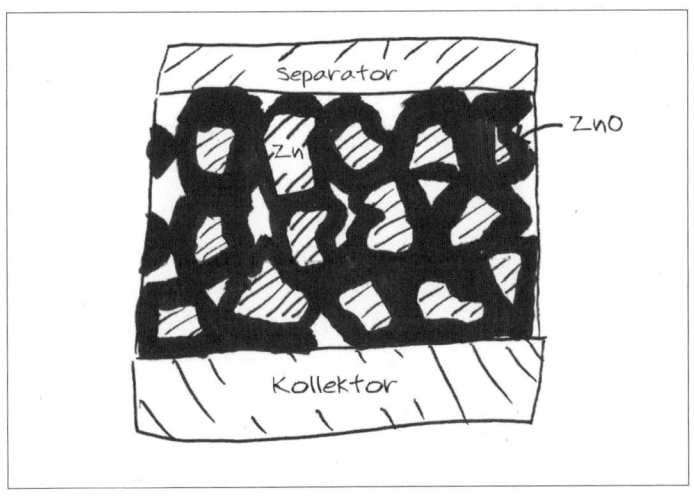

Die Batterie ist zu mindestens 50 % entladen, und ein feines Netz aus hartem Zinkoxid zieht sich durch das Zinkgel.

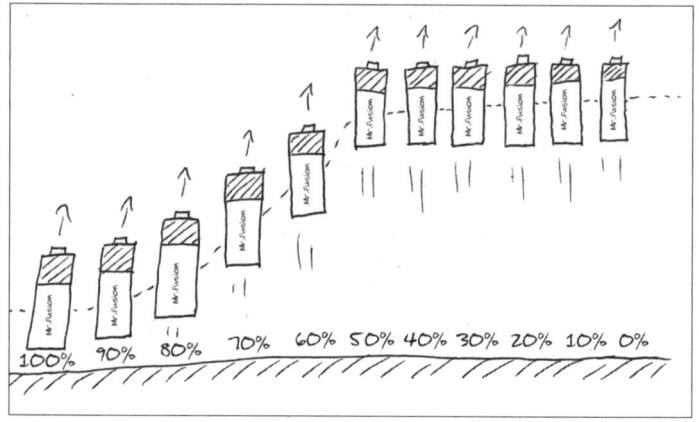

*Bis zu einem Ladungszustand von 50 % nimmt die Sprunghöhe
der Batterie deutlich zu.*

federt wird. Für einen schnellen Batterie-Check reicht es
also tatsächlich aus, die Batterien ein paarmal fallen zu lassen. Zwar funktioniert diese Methode nur, wenn wenigstens
ein paar der Batterien noch mehr als 50 % ihres ursprünglichen Ladezustandes besitzen, aber dafür geht es schnell,
und man benötigt keinerlei Messgerät.

Nachdem Mattes die Batterien wieder eingelegt hatte, war
von Inge weit und breit nichts mehr zu sehen. Sie hatte den
Zeitraum, den Mattes durch die Prüfung der Batterien
abgelenkt gewesen war, genutzt, um mit den Worten »Oh,
mein Bier ist alle, ich hol mal neues!« in die Küche zu flie-
hen und so dem unausweichlichen verfrühten Kniefall
vorm Porzellanthron zu entgehen. Nach einem flüchtigen
Blick in die umstehende Runde wurde das Spiel dann ohne

Inge weitergeführt, bis auch die zweite Flasche von Yuris Selbstgebranntem sich dem Ende näherte und Tom lallend, aber sehr passend begann, »Hit Me, Baby, One More Time« auf seiner Wandergitarre zu spielen.

Illusion oder Wirklichkeit? – Wärmekapazität

WG-Küche: 22.14 Uhr

Mittlerweile war auch Mattes vor den frei interpretierten Versionen von N'Sync, Britney Spears und den Backstreet Boys zu uns in die Küche geflohen, während Tom und Yuri mit ein paar weiteren Partygästen die besten Hits der 90er grölten. Vermutlich hatten die beiden nach ein paar weiteren Bierchen die alte PlayStation 2 aus Toms Schrank gekramt und belustigten nun mit Gitarre und Mikrophon bewaffnet die Gäste. Zu uns drang diese akustische Grausamkeit zum Glück nur stark gedämpft und vermischte sich mit dem Gemurmel der restlichen Gäste und dem Surren der Spülmaschine zu einem fast angenehmen Weißen Rauschen.

Kurz nachdem sich Mattes zu Inge und mir auf die Couch gesetzt hatte, kam Wilhelm hinterhergetapst und legte sich quer über die Beine seines Herrchens, um sich hinter den Ohren kraulen zu lassen und gelegentlich aufzujaulen, wenn in einer kurzen Gesprächspause doch der ein oder andere Ton aus Toms Zimmer an sein empfindliches Ohr drang.

Da wir aus den letzten Jahren wussten, dass es in der Silvesternacht unmöglich sein würde, eine größere Menge Pizza zu bestellen, waren wir schon knapp eine Woche zuvor bei der nahe gelegenen Pizzeria *La Marinella* vorbeigeschlendert, hatten Luigi (eigentlich Amar) mit einer Flasche Raki bestochen und zehn Bleche Pizza für unsere kleine Feier bestellt. Ein Drittel klassisch mit Salami und Knoblauch, ein Drittel mit Schinken und Champignons und ein Drittel mit Toms absolutem Lieblingsbelag: reichlich frische Tomaten, extra Käse, extra Mozzarella, und das Ganze natürlich ohne Oregano.

Die Lieferung war eigentlich für 22.00 Uhr angekündigt gewesen, aber bei den winterlichen Straßenverhältnissen konnte es durchaus etwas länger dauern. So ergriffen wir die Gelegenheit, um Mattes nach seinen diesjährigen Böllereinkäufen auszufragen. Genau wie ich erwartet hatte, war Mattes auch dieses Jahr beim Großhandel vorgefahren und hatte mehrere Familienpackungen zum Zündeln erstanden. Für ihn ging es an Silvester um mehr, als nur die bösen Geister zu vertreiben oder das neue Jahr möglichst lautstark in Empfang zu nehmen. Mattes ging es vor allem darum, die Bewohner der WG aus dem Haus auf der gegenüberliegenden Straßenseite zu übertrumpfen und in einer alle Jahre wiederkehrenden Schlacht endlich vernichtend zu schlagen. Als er mir gerade davon berichten wollte, dass er sich in diesem Jahr mit Yuri zusammengetan hatte und die beiden den ultimativen Plan für einen Sieg entwickelt hatten, klingelte es an der Tür. Im gleichen Moment sprang Wilhelm auf, eilte bellend zur selben und räumte dabei den halben Küchentisch ab.

Auf meine besorgten und verunsicherten Nachfragen, um was für einen Plan es sich genau handelte, vertröstete Mattes mich mit einem verschwörerischen Grinsen und einem hastigen »Das wirst du schon noch sehen ...«, während er Wilhelm hinterher zur Wohnungstür lief, um die Pizza in Empfang zu nehmen. Mattes' Grinsen bereitete mir zwar in der hintersten Ecke meines Magens ein gewisses Unbehagen, ich machte mir aber auch nicht allzu große Sorgen, schließlich waren die beiden erwachsen und wussten meist, was sie taten.

Geliefert wurde die Pizza an diesem Abend von Amar (aka Luigi) höchstpersönlich, der es sich dabei nicht nehmen ließ, seinen »liebsten Stammkunden« als Bonus noch die letzten zwei Kisten des seiner Meinung nach vorzüglichen Lambruscos unterzujubeln, bevor er sie wegen Überschreitung des Mindesthaltbarkeitsdatums sowieso hätte in den Ausguss schütten müssen. Mit einem stark übertriebenen Lächeln und einem extrem gekünstelten italienischen Akzent drückte mir der kleine Afghane, der vor zehn Jahren die Pizzeria von seinem italienischen Halbbruder übernommen hatte, die klappernden Pappkartons mit den Worten »Benne, Vino fur meine bääaaste Kunden un amicci ... Si?« in die Hand, während seine beiden Söhne die Pizzakartons aus den vermackten Styroporkisten nahmen und sie lieblos auf dem Küchentisch stapelten. Mein erster Reflex war es, dieses »großzügige Geschenk« abzulehnen, aber ein kurzer Blick in Amars Augen machte mir unmissverständlich klar, dass ich den kleinen Mann damit erstens zutiefst beleidigen würde und zweitens er den Wein im Falle unserer Ablehnung im nächsten Jahr heimlich zum Kochen verwenden würde. Ich nahm die Kisten also mit gebührender Dankbarkeit entgegen und stellte sie ebenfalls auf dem Küchentisch ab. Irgendjemand würde im Laufe des Abends schon betrunken genug sein, um diesen Wein halbwegs genießbar zu finden ...

Das erste Experiment:
Somewhere over the wine-bow ...

Doch Amar war schneller, als ich gedacht hatte. Kaum standen die Kartons auf dem Tisch, öffnete der Hobby-italiener unsere gerade durchgelaufene Spülmaschine und füllte eins von Inges geliehenen guten, noch dampfenden Rotweingläsern mit dem schauderhaften Gebräu. Er schwenkte es, hielt es kurz gegen das Licht und sagte dann: »Hier, Reinhard, guckst du Finestra wie in heilige Kathedrale in Roma. Benne grande! Lacrime de Angeli.« Obwohl ich von Wein absolut keine Ahnung habe, war ich mir sicher, dass es sich bei dem Fusel um alles handelte, nur nicht um »grande« Wein. Zu meiner eigenen Verwunderung konnte ich aber genau erkennen, was Amar meinte: Als ich das Glas mit dem Wein darin gegen das Licht schwenkte, sah ich, wie der Wein in dicken Tropfen an der Innenseite des Glases wieder herunterfloss und dabei kirchenfenster-artige Bögen bildete.

Schwenkt man einen Wein in einem ausreichend großen Glas, kann man meist sehr deutlich kirchenfensterartige Bögen sehen.

Für Amar schien das ein eindeutiges Qualitätsmerkmal für guten Wein zu sein. Ich konnte zu diesem Zeitpunkt lediglich auf das zurückgreifen, was mir ein Freund einmal über Wein beziehungsweise dessen Verkostung beigebracht hatte:

1. Wenn der Wein dunkelrot ist, lässt sich Folgendes sagen: »Oh, der hat viel Sonne gesehen, wahrscheinlich eine Lage am Südhang.«
2. Bei egal welchem Wein lässt sich immer eine leichte Note von Johannisbeere herausschmecken ... Man muss nur wirklich wollen.
3. Wenn man mutig genug ist und merkt, dass das Gegenüber auch nicht allzu viel Ahnung von dem

roten Traubensaft hat, kann man selbstbewusst zusätzlich eine leichte Lakritznote im Abgang bemerken.

Um Amars erwartungsvollen Blick nicht zu enttäuschen, nahm ich also einen kleinen Schluck, verkniff mir ein angewidertes Gesicht und sagte mit einem Selbstbewusstsein, das selbst Donald Trump in den Schatten stellte: »Ah, eine Südlage mit viel Sonne, dominantes Aroma von der Johannisbeere mit einem Hauch von Lakritz im späten Abgang. Guter Jahrgang!«

In Amars Gesicht blitzte für einen winzigen Moment Fassungslosigkeit auf. Sie wich aber ebenso schnell einem breiten, gönnerhaften Lächeln: »Siehst du, iste guter Tropfen, belissima für meine gute Kunde! Von eurem Luigi gibt es immer nur das Beste, ciao ciao!« Mit diesen Worten verschwanden Amar und seine Söhne aus unserer Küche, und der Duft von frischer, heißer Pizza bahnte sich langsam den Weg in die angrenzenden Zimmer.

Viele Jahre nach der besagten Silvesternacht halte ich es für mehr als unwahrscheinlich, dass Amar wirklich etwas Objektives über die von ihm angeschleppte Plörre hätte sagen können. Vermutlich hatte er in dieser Nacht jedem seiner Kunden eine dieser »herausragenden« Flaschen angedreht und am Ende die noch verbliebenen Kartons bei uns abgeladen.

Wie dem auch sei, die Bögen, die mir Amar in dem schweren, süßlichen Lambrusco gezeigt hatte, hatten mich neugierig gemacht. Heute weiß ich, dass man anhand der Form der Bögen und der Art, wie der Wein am Inneren des Glases herunterläuft, etwas über die Alkoholgüte des Weins, den man vor sich hat, sagen kann. Doch warum bilden sich beim Schwenken von Wein überhaupt diese Bögen, und warum nicht auch bei Wasser, Milch oder sonst einem anderen Getränk?

Sieht man bei der Bildung dieser Bögen sehr genau hin, wird es sogar noch schräger: Ab einem gewissen Zeitpunkt lässt sich nämlich beobachten, dass der Wein nicht mehr nur an der Innenseite des Glases herunter-, sondern sogar, zugegeben, in sehr geringem Maße, hinauffließt. Verantwortlich für dieses seltsame Verhalten ist der sogenannte Marangoni-Effekt. Benannt ist er nach seinem Entdecker: Carlo Giuseppe Matteo Marangoni, einem italienischen Physiker.

Der Marangoni-Effekt, oder auch die Marangoni-Konvektion genannt, beschreibt, dass von zwei Flüssigkeiten mit unterschiedlichen Oberflächenspannungen immer die Flüssigkeit mit der niedrigeren Oberflächenspannung von der mit der höheren angezogen wird.

Klären wir zuerst einmal, was Oberflächenspannung überhaupt bedeutet. Jeder kennt das Phänomen, dass sich ein Wasserglas sehr vorsichtig ein gutes Stück über seinen Rand befüllen lässt, weil sich auf der Oberfläche der Flüssigkeit so etwas wie eine unsichtbare Haut bildet. Das ist möglich, weil das Wasser stets bemüht ist, seine Oberfläche so klein wie möglich zu halten. Aus dem gleichen Grund bildet Wasser bei Schwerelosigkeit auch perfekte Kugeln. Die Wassermoleküle an der Grenzschicht zur Luft ziehen sich also gegenseitig an und bilden eine »stabile Haut«, auf der zum Beispiel auch kleinere Insekten stehen können. Wie stark diese Haut ist, hängt davon ab, wie groß die

Oberflächenspannung der entsprechenden Flüssigkeit ist, also wie stark sich die einzelnen Moleküle anziehen. Haben wir eine Mischung aus zwei Flüssigkeiten mit unterschiedlicher Oberflächenspannung, dann ziehen die Moleküle mit der größeren Oberflächenspannung, an denen mit der geringeren Oberflächenspannung und es kommt zu einer Fließbewegung. Das ist dann der Marangoni-Effekt.

Um das Ganze zu verdeutlichen, schlage ich ein gemeinsames kleines Experiment vor: Lasst auf einen halbwegs flachen Teller ein wenig Wasser laufen, so dass er mit einem dünnen Wasserfilm bedeckt ist. Jetzt verteilt ihr ein wenig Pfeffer (am besten den groben aus einer Pfeffermühle) auf dem Wasserfilm. Ihr werdet sehen, dass der leichte Pfeffer aufgrund der Oberflächenspannung auf dem Wasser liegen bleibt. Wenn ihr nun einen kleinen Tropfen Spülmittel in die Mitte des Tellers tropft, wird sich der Pfeffer, kurz nachdem der Spülmitteltropfen das Wasser berührt hat, blitzschnell von diesem Tropfen weg- und nach außen zum Rand des Tellers hinbewegen.

Was ihr hier beobachtet, ist der Marangoni-Effekt, der durch den Pfeffer lediglich besser sichtbar gemacht wurde. Spülmittel enthalten nämlich sogenannte Tenside, chemische Verbindungen, die die Oberflächenspannung einer Flüssigkeit herabsetzen. In dem Moment, in dem das Spülmittel den Wasserfilm berührte, wurde die Oberflächenspannung in der Mitte des Tellers durch die Tenside verringert, und die nun höhere Oberflächenspannung am Rand des Tellers zog die Flüssigkeit und damit auch den Pfeffer zu sich.

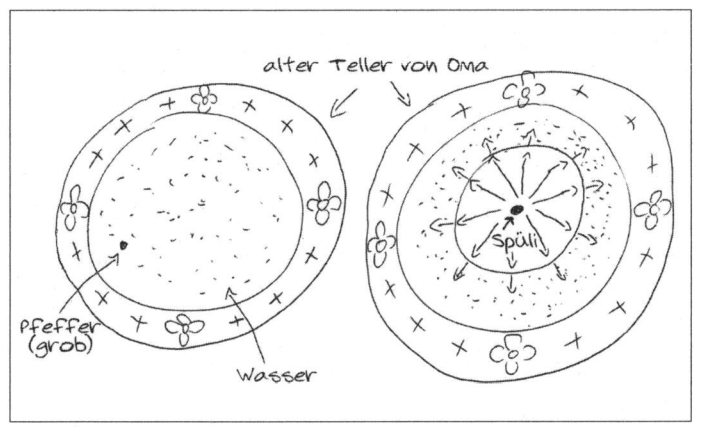

Spüli senkt die Oberflächenspannung des Wassers in der Mitte des Tellers, wodurch der Pfeffer nach außen gezogen wird.

Etwas Ähnliches passierte auch in unserem Weinglas, selbst ohne die Zugabe von Spülmittel. Da Wein eine Mischung aus verschiedenen Flüssigkeiten ist, herrschen auch hier unterschiedliche Oberflächenspannungen vor. Um es nicht zu kompliziert zu machen, beschränken wir uns auf die beiden wesentlichen Bestandteile des Weins, nämlich Wasser und Alkohol. Wasser hat bei 20°C eine Oberflächenspannung von 72,75 mN/m und Ethanol (der Hauptbestandteil des Alkohols im Wein) nur 22,55 mN/m. Wir können also festhalten, dass, je mehr Alkohol sich im Wein befindet, desto geringer die Oberflächenspannung. Zusätzlich gilt, dass Ethanol einen viel höheren Dampfdruck besitzt als Wasser, was bedeutet, das Ethanol viel schneller verdampft als Wasser.

Schwenken wir unseren Wein im Glas hin und her,

benetzt er die Innenseite des Glases und bildet dort eine dünne Schicht aus Wasser und Alkohol. Im Vergleich zu ihrem Volumen hat diese dünne Schicht aus Wein eine riesige Oberfläche, und der höhere Dampfdruck des Alkohols macht sich dadurch in ihrem Verhalten (also die Art, wie sie auf der Innenseite des Glases wieder herunterläuft) deutlich bemerkbar. Während die unterschiedlichen Verdampfungsraten bei dem restlichen Wein, der sich im Glas befindet, keine große Rolle spielen, haben sie bei dem Verhältnis von Oberfläche zu Volumen, wie es in der dünnen Schicht vorliegt, durchaus Relevanz. Vor allem gilt das für den oberen Rand unserer benetzten Fläche, da hier der Flüssigkeitsfilm besonders dünn ist. Durch den schneller verdampfenden Alkohol entsteht also ein Konzentrationsgefälle in der benetzten Fläche, der Alkoholgehalt nimmt mit der Höhe in der Flüssigkeitsschicht deutlich ab. Weniger Alkohol bedeutet aber auch eine höhere Oberflächenspannung. Der höhere Wasseranteil im oberen Teil der benetzten Fläche zieht also durch seine größere Oberflächenspannung den restlichen Wein entgegen der Schwerkraft nach oben, genau wie in unserem Experiment den Pfeffer zum Rand des Tellers hin. Bei genauer Beobachtung kann man diese leichte Fließbewegung Richtung Glasöffnung tatsächlich beobachten.

Aber inwiefern sorgt das für die Bildung der Bögen, die ich zusammen mit Amar in dieser Silvesternacht beobachten konnte? Ganz einfach: Wenn im oberen Teil des Flüssigkeitsfilms Alkohol verdampft und der untere Teil durch die erhöhte Oberflächenspannung nach oben gezogen wird, kann im unteren Teil der benetzten Fläche ein wenig neuer Wein aus dem Glas nachfließen. Das Ganze vollzieht sich so lange, bis sich im oberen Teil des Flüssigkeitsfilms ein Ring aus den langsam verdunsteten Bestandteilen, also hauptsächlich dem Wasser, gebildet hat. Dieser Ring wird dann an manchen Stellen zu schwer und kann von der Oberflächenspannung nicht mehr gehalten werden. An diesen Stellen bilden sich dann Tropfen, die wieder in den Wein zurückfließen – unsere mystischen Bögen.

Die Form der Bögen kann dabei einen Anhaltspunkt für das Verhältnis des leicht verdampfenden Ethanols und anderer nicht so leicht verdampfender Stoffe, wie zum Beispiel Zucker oder anderer langkettiger Alkohole, geben. Je spitzer die Bögen sind und je dicker die sich bildenden Tropfen, desto mehr dieser schwerer verdampfenden Reststoffe sind im Wein vorhanden. Das muss aber nicht zwingend ein Merkmal für guten Wein sein, da diese langkettigen Alkohole nicht alle für einen guten Geschmack und geringes Kopfweh verantwortlich sind. Was ihr euch aber als grobe Faustregel zum Klugscheißen für die nächste Weinprobe merken könnt: Weine, die generell viel Alkohol enthalten, bilden meist recht spitze Bögen beim Schwenken, und Weine mit wenig Alkohol neigen eher zu rundlichen Bögen. Ansonsten ist die Aussagekraft der Bögen im Weinglas für den entsprechenden Wein eher beschränkt, da es sich bei Wein ja doch um ein etwas komplexeres Gemisch als einfach nur Wasser und Ethanol handelt. Außerdem spielen natürlich noch ein paar andere Parameter wie die Temperatur des Weines oder auch einfach nur die Form des verwendeten Glases eine wichtige Rolle bei der Ausbildung der Bögen. Ob letztendlich der Wein mit den runden oder den spitzen Bögen besser schmeckt, muss immer noch jeder für sich selbst entscheiden.

Bei Amars Wein war diese Frage sehr schnell und einstimmig zu beantworten, Bögen hin oder her: Das Zeug war einfach nur widerlich und höchstens zum Kochen zu gebrauchen. So ungenießbar der Wein, so großartig war die Pizza, die der kleine Afghane gezaubert hatte. Obwohl *La Marinella* selbst mit dem Auto mindestens eine Viertelstunde von unserer WG entfernt lag, schaffte es Amar immer, eine Pizza mit fast noch kochendem Käse anzuliefern. Das war auch in dieser Silvesternacht trotz des großen Stresses nicht anders gewesen, was Tom schmerzhaft feststellen musste …

Das zweite Experiment: Lookin' for some hot stuff

Wenige Augenblicke nachdem unser Lieblingswahlitaliener die Wohnküche mit seinen Söhnen wieder verlassen und sich der Duft von frischer Pizza seinen Weg in die anderen Zimmer gebahnt hatte, stolperten also Tom und Yuri Arm in Arm mit Gitarre und Federboa zu den Tönen von »Wannabe« in die Küche. Die beiden waren nach dem kleinen Scharmützel mit *Looping Louie* schon so gut dabei, dass sich der Liedtext nur noch im Ansatz erahnen ließ und der Gesang der beiden mich mehr an Scatman John als an die Spice Girls erinnerte.

Aus dem gleichen Grund passierte wohl auch Folgendes: Immer noch ausgehungert aufgrund der vernichtenden

Niederlage gegen Mattes vom Anfang des Abends, drückte mir der glatzköpfige Religionslehrer seine Klampfe in die Hand und schwankte Richtung Pizza. Ich wollte gerade noch ein »Sei vorsichtig, das Zeug ist noch verdammt heiß!« hinterherrufen, als Tom schon in ein großes Stück seiner dampfenden Lieblingspizza biss und die darauf befindliche Tomatenscheibe wenige Sekunden später laut fluchend quer durch die Küche Richtung Mattes spuckte, der darauf vor lauter Schreck sein Bier umstieß und wiederum das Stück Salamipizza, das er gerade hatte essen wollen, hinter sich warf, worauf Wilhelm der freifliegenden Salami ohne Rücksicht auf Verluste hinterherstürmte. Inge, die gerade dabei war, ein paar Plastikteller aus der Spülmaschine zu holen und die letzten Tropfen davon abzutrocknen, wurde dabei von der hungrigen englischen Dogge fast umgerannt und bekam auch noch einen großen Teil von Mattes' Bier ab. Doch statt ebenfalls in lautes Fluchen zu verfallen, brachte die blonde Kölnerin nur ein »Pass doch op, wate dir inne Schnüss packs!« heraus und krümmte sich vor Lachen.

Im Nachhinein konnte Tom nicht mehr sagen, was schlimmer gewesen war: sich die Zunge an der gefühlt 500°C heißen Tomatenscheibe zu verbrennen oder der große Schluck von Amars Wein, den er unmittelbar nach seinem unfreiwilligen Weitspucken, mit dem er selbst Guybrush Threepwood maßlos beeindruckt hätte, zu sich genommen hatte, um das Feuer in seinem Mund zu löschen.

Wie dem auch sei: Mit dem Essen hatte Tom an diesem Silvesterabend einfach kein Glück. Merkwürdig ist aber doch, dass sich Tom die Zunge erst an der Tomatenscheibe und nicht am Rest der Pizza verbrannt hatte ... Ihr kennt dieses Phänomen vielleicht aus eurem Alltag: Wer hat sich nicht schon einmal den Mund an der Tomatensoße eines Pizzabaguettes oder an einer frischen Tomatenscheibe auf einer Pizza verbrannt, obwohl der Rest der Pizza oder des Baguettes schon eine angenehme und essbare Temperatur erreicht hatte? Wird die Tomate beim Erhitzen etwa heißer als der Rest?

Ein guter Pizzaofen schafft an seinen heißeren Stellen eine Temperatur von fast 500°C und erwärmt die komplette Pizza in den 60 bis 90 Sekunden Backzeit weitestgehend gleichmäßig. Natürlich wird die Pizza in dieser kurzen Zeit keine 500°C heiß. Wenn man im Hinterkopf behält, was wir in Kapitel 2 über die Phasenübergänge von Wasser gelernt haben, leuchtet einem sogar recht schnell ein, dass die frischen Tomaten beim Backen gerade einmal 100°C heiß werden können, da sie zum großen Teil aus Wasser bestehen, das bei Normaldruck doch erst einmal komplett verdampfen muss, bevor es heißer werden kann. Der Rest der Pizza, wie etwa der Käse, der zum großen Teil aus Fett besteht, kann in dieser Zeit durchaus deutlich höhere Temperaturen von 120°C oder 150°C erreichen. Wenn aber die Tomaten während des Ausbackens sogar die kälteren Bereiche der Pizza darstellen, warum verbrennt man sich dann meistens genau an ihnen den Mund, während der beim Backen viel heißere Käse oft ohne Probleme essbar ist?

Die Ursache dafür liegt im extrem hohen Wassergehalt der Tomaten von über 90 %. Die Tomaten werden im Ofen dadurch einerseits zwar nicht deutlich heißer als 100°C, andererseits können sie durch das viele Wasser eine sehr große Wärmemenge speichern. Das Zauberwort heißt »spezifische Wärmekapazität«.

$$c = \frac{\Delta Q}{m \cdot \Delta T}$$

(ΔQ ist die dem Stoff zugeführte Wärmemenge/Energie; m ist die Masse und ΔT die Temperaturänderung)

Die spezifische Wärmekapazität beschreibt nämlich, wie viel Energie man einer gewissen Menge eines Stoffes zuführen muss, um seine Temperatur um 1 Grad zu erhöhen. Bei Wasser sind das 4,812 kJ, die man pro Kilogramm hineinstecken muss. Bei Fetten ist dieser Wert deutlich geringer. Pflanzenöl benötigt zum Beispiel lediglich 1,970 kJ pro Kilogramm, also gerade nicht einmal die Hälfte an Energie, um die Temperatur um 1 Grad zu erhöhen. Die genaue Wärmekapazität von Käse auf einer Pizza zu bestimmen ist relativ schwierig, da es sich bei Käse um ein sehr inhomogenes Gemisch handelt, das, je nach Sorte und Herstellungsverfahren, sowohl im Wasser als auch im Fettgehalt sehr starke Unterschiede aufweisen kann. Als groben Richtwert findet man in verschiedenen Quellen Werte, die sich im Bereich zwischen 1,8 kJ/(kg·K) und ca. 2,2 kJ/(kg·K) bewegen.

Gehen wir nun der Einfachheit halber davon aus, dass alle Zutaten auf der Pizza, kurz nachdem sie aus dem Ofen genommen wurde, eine Temperatur von knapp 100°C haben. Wenn wir des Weiteren davon ausgehen, dass die

Zutaten vor dem Backen eine Temperatur von 20 °C hatten, dann bedeutet das, dass für die 100 g Tomaten auf unserer Pizza eine Energie von ca. 38,4 kJ aufgebracht werden muss, um sie auf 100 °C zu erhitzen und für die gleiche Menge Käse gerade einmal 17,6 kJ. Lassen wir die Pizza nun eine Weile bei Raumtemperatur stehen, gibt sie ihre Energie in Form von Wärme wieder an die Umgebung ab.

In 100 g Tomaten ist nun allerdings viel mehr Wärmeenergie gespeichert als in 100 g Käse. Außerdem konzentrieren sich die Tomaten auf eine viel kleinere Fläche als der Käse. Die Kontaktfläche, über die die Tomaten ihre Energie in Form von Wärme an die Umgebung abgeben können, ist also deutlich kleiner. Erschwerend kommt hinzu, dass sich die Tomaten meist zwischen dem Käse und dem Pizzaboden befinden, die beide eher ungeeignete Wärmeleiter darstellen und die Tomaten zudem zu einem gewissen Maß von ihrer Umwelt isolieren.

Gehen wir aber trotzdem davon aus, dass sowohl die Tomaten als auch der Käse beim Abkühlen die gleiche Menge Energie loswerden. Selbst wenn beide, sagen wir, 15 kJ ihrer gespeicherten Wärmeenergie wieder abgegeben haben, haben die Tomaten immer noch eine Temperatur von 69 °C, während der Käse nur noch ca. 32 °C warm ist.

Frische Tomaten eigenen sich als Pizzabelag also nur bedingt, da sie aufgrund des hohen Wassergehalts auch eine sehr hohe Wärmekapazität besitzen und daher deutlich langsamer abkühlen als der Rest der Pizza.

Es gibt bei einer mit frischen Tomaten belegten Pizza nur ein sehr enges Zeitfenster, in dem die Tomaten nicht mehr zu heiß sind und der Rest der Pizza gleichzeitig noch nicht zu weit abgekühlt ist. Da es sich bei der Tomaten-Mozzarella-ohne-Oregano-Pizza um Toms Lieblingspizza handelt, kannte er diese physikalischen Hintergründe eigentlich aus seiner Alltagserfahrung. Yuris Selbstgebrannter hatte ihn an diesem Abend aber seine sonstige Achtsamkeit, genau wie das Versprechen, seine Gitarre nie wieder in unserer Anwesenheit anzurühren, vergessen lassen.

Der Moment der Erkenntnis – Trägheitsmoment

Hausflur: 23.40 Uhr

Yuris Pläne für den weiteren Verlauf des Abends wurden mir so richtig bewusst, als ich begriff, dass ich mindestens die Hälfte der sich mittlerweile in unserer Wohnung befindlichen Gäste noch nie zuvor gesehen hatte. Ich machte mich also auf die Suche nach Yuri und fand ihn an den Bierdosen-Paletten im Hausflur, wo er gerade seinen Pullover wie einen Kängurubeutel nutzte, Dosenbier zu transportieren. Als ich ihn wegen der vielen mir unbekannten Partygäste zur Rede stellen wollte, wischte er meine Bedenken wie selbstverständlich mit einem »Ach, Reinhard, das sind nur ein paar Geschäftspartner und Fans von Ivan und mir. Mach dir keine Sorgen« vom Tisch. Ab diesem Moment begann ich, mir ernsthafte Sorgen zu machen.

Yuri drückte mir unter leichtem Kopfschütteln zwei Dosen Bier in die Hand und stürmte an mir vorbei die Treppe hinauf zu Mattes' Wohnung. Völlig außer Atem, rief er mir vom oberen Ende der Treppe zu, dass ich doch bitte ein bisschen mehr Vertrauen haben und nicht so doof da rumstehen, sondern lieber meinen Arsch in Bewegung setzen sollte, um ihm zu folgen. Aus Mangel an Alternativen fügte ich mich und stand ein paar Minuten später mit Yuri, Mattes, Tom, Inge und zwei Punks, die zu den Dosenbierspendern gehörten, in Mattes' erstaunlich aufgeräumter Küche.

Mattes' Wohnung war genauso geschnitten wie unsere, nur bewohnte er die circa 80 m^2 allein mit Wilhelm und hatte sich daher sowohl ein einladendes Wohnzimmer als auch eine gut ausgestattete Küche eingerichtet, in der ein mindestens genauso großer Fernseher an der Wand gegenüber dem Herd hing wie auch im Wohnzimmer gegenüber der Couch. Links neben dem Fernseher, um dessen Durchmesser ihn wohl manches Provinzkino beneidet hätte, befand sich ein Billy-Regal, das zur einen Hälfte mit Backformen, Tortenringen und Spritzbeuteln, zur anderen mit allerlei Schüsseln, Rührgeräten und Kochbüchern gefüllt war. In der anderen Ecke des kleinen, mit Postern alter Punkrockbands tapezierten Raumes lag ein riesiges Kissen, auf dem es sich Wilhelm schon gemütlich gemacht hatte, um dem sich ohne Zweifel nahenden Spektakel aus nächster Nähe beizuwohnen. Mattes und Tom standen sich an den langen Enden des Esstisches in der Mitte des Raumes gegenüber und starrten sich mit halb zugekniffenen Augen und ohne mit der Wimper zu zucken mehrere Minuten schweigend an.

Die gesamte Situation wirkte durch die spärliche Beleuchtung der kleinen Glühbirne, die über dem Tisch in einer einfachen Lampenfassung baumelte, und das Ticken von Mattes' Kuckucksuhr, die ihm seine Eltern aus einem Schwarzwaldurlaub mitgebracht hatten, auf eine unfreiwillig komische Art durchaus bedrohlich. Hätte sich der kleine Holzkuckuck in diesen Minuten aus seinem Verschlag getraut, es hätte sicher einer von beiden eine Waffe gezogen und den anderen über den Haufen geschossen. Beiden war allerdings anzusehen, dass sie sich trotz der offensichtlichen Spannung sehr zusammenreißen mussten, um ihre Ernsthaftigkeit glaubhaft aufrechtzuerhalten und nicht in lautes Gelächter auszubrechen. Auf dem Tisch zwischen den beiden lag noch einer von Mattes' mehligen Ofenhandschuhen, mit dem ihm Tom anscheinend wenige Minuten zuvor eine runtergehauen hatte, um ihm den Handschuh einen kurzen Augenblick später eindrucksvoll vor die Füße zu werfen. Auf diese Weise forderte Tom martialisch, aber auch sehr eindrucksvoll Satisfaktion für die tragische Niederlage in den frühen Stunden dieser Silvesternacht.

Die Sache hatte nur mehrere Haken: Erstens hatten wir keine funktionstüchtige Spielkonsole mehr, um diesen Streit vernünftig und zivilisiert auszutragen, und zweitens war unsere Wohnung mit einer großen Ansammlung feiernder Menschen gefüllt, die wohl wenig Verständnis für die tiefgreifenden Probleme einer Männer-WG gehabt hätten. Es musste also eine Alternative her, die diesen schon seit zu vielen Monaten brodelnden Konflikt endlich lösen konnte und von beiden Seiten ohne späteres Murren akzeptiert werden würde. Yuri schlug das Einzige vor, was angemessen erschien. Ein Gottesurteil!

Yuri stellte die Bierdosen, die er immer noch in seinem Pulli vor sich hertrug, eine nach der anderen bedeutungsschwanger auf den Küchentisch, während er begann, eine Geschichte aus der Zeit zu erzählen, als sein Vater noch als Schneider für die russische Mafia in Prignitz gearbeitet und er als kleiner Junge Botengänge für die Bruderschaft erledigt hatte. Er berichtete von einem Nachmittag, an dem er ein etwa 500 Gramm schweres Paket einem seiner »Onkel« überbracht hatte, der mit einem Freund eine etwas andere Version von russischem Roulette spielte: Die beiden Russen saßen an einem Tisch, vor sich ein kleiner Drehteller mit zehn Gläsern, von denen sie neun mit Wodka und eins mit einer ebenfalls klaren Flüssigkeit aus einer Flasche gefüllt hatten, die ein Totenkopf zierte. Jeder der beiden drehte den Teller einmal kräftig, während der andere wegsah, so dass am Ende keiner von beiden mehr wusste, wo sich das eine Glas mit der Totenkopfflüssigkeit befand. Immer zeitgleich nahmen die beiden jeweils ein Glas vom Teller, prosteten sich zu, sahen sich dabei tief in die Augen, kippten sich den Inhalt des Glases in ihre Rachen und schlugen es anschließend mit einem lauten Knall auf den Tisch. Bei Glas Nummer drei passierte es dann: Yuris »Onkel« war gerade im Begriff, sein Glas zu leeren, als sein Gegenüber schmerzhaft das Gesicht verzog, sich an den Bauch fasste, aufstand, zur Tür rannte und sich noch auf dem Weg dorthin heftig übergab. Wie sich später für Yuri herausstellte, hatte es sich bei der Flüssigkeit in dem kleinen Fläschchen mit dem Totenkopf um Apomorphin gehandelt. Apomorphin ist nicht direkt ein Gift, eher ein äußerst starkes Brechmittel.

Yuri kramte aus Mattes' Billy-Regal einen drehbaren Kuchenteller hervor, stellte ihn auf den Tisch und reihte in gleichmäßigen Abständen acht 0,33-Liter-Bierdosen auf seinem Rand aneinander. Eine der Dosen schüttelte er vorher kräftig und bat Mattes und Tom, Platz zu nehmen.

Genau wie wohl damals in Prignitz geschehen, drehte zuerst Mattes den Teller ein paarmal kräftig herum, während Tom wegsah, anschließend tat Tom es ihm nach, während Mattes nicht hinsah. Bei der ganzen Dreherei schaffte es keiner von uns, die geschüttelte Dose im Auge zu behalten, und so nahm das Gottesurteil ohne Tipps und Zurufe von uns Außenstehenden seinen Lauf …

Die erste Dose nahmen beide noch ohne jegliches Zögern in die Hand, sahen sich gelassen in die Augen und öffneten sie. Nichts geschah. Beide exten die kleinen Dosen, drückten sie zusammen, warfen sie hinter sich und machten sich bereit für Runde zwei. Obwohl auch diese Runde ergebnislos blieb, merkte man, wie sich langsam eine gewisse Anspannung bei den beiden Kontrahenten aufbaute.

Lag die Chance, dass einer der beiden die geschüttelte Dose schon in der ersten Runde erwischte, noch bei unwahrscheinlichen 25 % und das Risiko für den Einzelnen sogar nur bei lächerlichen 12,5 %, so sah das in der dritten Runde schon anders aus. Hier standen die Chancen nur noch fifty-fifty, dass beide diese Runde trocken überstehen würden. Bei den Rivalen konnte man bei etwas genauerem Hinsehen ein leichtes Zittern ausmachen, während sich jeder von ihnen eine der vier verbliebenen Dosen griff. Tom legte gerade die Hand an die Lasche der Dose, um sie am ausgestreckten Arm zu öffnen, als Mattes ihn mit aufgerissenen Augen leicht fragend und deutlich missbilligend ansah. Tom führte die potentiell explosive Dose wieder näher an seinen Körper heran, kniff die Augen zusammen und öffnete sie, zeitgleich mit Mattes. Es passierte: nichts. Die beiden Spieler atmeten hörbar auf, wischten sich den Schweiß von der Stirn und tranken ihr letztes Bier als Henkersmahlzeit, bevor das Gottesurteil in der letzten Runde unausweichlich vollstreckt werden würde.

Mattes, der die Anspannung zumindest äußerlich deutlich besser wegzustecken schien als Tom, überließ dem Herausforderer die erste Wahl zwischen den letzten beiden Dosen. Tom streckte zögerlich zitternd die Hand aus und wollte gerade die Dose greifen, die näher bei Mattes stand, als sich sein Blick von einer auf die andere Sekunde veränderte: Er nahm beide Dosen und legte sie vor sich auf den Tisch. Ich verstand sofort, warum Toms Zittern augenblicklich verschwand, denn ich durchschaute, was er vorhatte.

Das Experiment: der Dosenrollversuch

Tom legte die Dosen nebeneinander und hob den Küchentisch an seiner Seite leicht an, wodurch die Dosen langsam ins Rollen kamen. Mattes beobachtete das Geschehen etwas ungläubig, ließ Tom aber gewähren. Nachdem dieser seine Rollversuche ein paarmal wiederholt hatte, entschied er sich für eine der beiden Dosen und stellte die andere vor

Mattes auf den Tisch. Der griff die Dose der Entscheidung, und mit dem zwölften Schlag der großen Pendeluhr in Mattes' Wohnzimmer öffneten beide die letzten Dosen. Das alte Jahr endete mit einer feuchtfröhlichen Bierdusche für: Mattes.

Es gibt eine recht einfache Möglichkeit, eine geschüttelte Dose mit einem kohlensäurehaltigen Getränk unter nicht geschüttelten Dosen zu entlarven.* Das Schütteln ändert nämlich eine leicht zu messende physikalische Eigenschaft der Dose so drastisch, dass sie deutlich langsamer als alle anderen rollt. Äußerlich ist kein Unterschied zu erkennen, also muss sich die Veränderung im Inneren der Dose abspielen.

Eine der am häufigsten geäußerten Vermutungen ist, dass der Druck in der Dose durch das Schütteln ansteigt, sie sich dadurch ein wenig aufbläht, ein ganz kleines bisschen dicker wird und deshalb langsamer die gleiche schräge Ebene hinunterrollt. Diese Annahme ist von Grund auf falsch. Egal, wie sehr wir die Dose schütteln, der Druck im Inneren wird sich nicht erhöhen, auch wenn man das meinen könnte, da eine geschüttelte Dose ihren Inhalt beim Öffnen gern spontan und »explosiv« in Form von Schaum in alle Himmelsrichtungen entlädt. Der Grund dafür ist aber kein Druckanstieg in der Dose, sondern, nennen wir es: ungünstige Umstände, und ein spontaner Druck*abfall* beim Öffnen der Dose.

---

* The shaken-soda syndrom; David Kagan; The Physics Teacher Vol 39, Iss. 5, pp. 290-292; 05.2001.

Das träge, nicht geschüttelte Bier

Wir notieren: Der Druck ist also nicht für das langsamere Rollen der geschüttelten Dose verantwortlich.

Was wäre ebenso wahrscheinlich? Unsere Alltagserfahrung flüstert uns zu: Schwere Gegenstände fallen schneller als leichte! Aber auch das ist aus zweierlei Gründen nicht des Rätsels Lösung: Erstens sind beide Dosen sowohl vor als auch nach dem Schütteln genau gleich schwer, und zweitens: Wie schnell etwas fällt, ist komplett unabhängig davon, wie schwer es ist.

Das Einzige, was leichte Gegenstände mitunter langsamer zu Boden gleiten lässt, ist der Luftwiderstand. Abgesehen von diversen Experimenten in Vakuumkammern haben die Astronauten der *Apollo-15*-Mission das recht spektakulär nachgewiesen, als sie auf dem Mond, der keine Atmosphäre besitzt, einen Hammer und eine Feder gleichzeitig haben fallen lassen und beides zur gleichen Zeit auf dem Mondboden landete.

Man kann dieses Experiment mit einigen Abstrichen auch zu Hause ausprobieren: Man nehme dazu einen kleinen Gegenstand wie eine Haselnuss und eine Feder oder ein Schnipsel Papier und lasse beides gleichzeitig fallen. Natürlich fällt die Nuss deutlich schneller, während die Feder oder das Papier langsam zu Boden gleitet.

Anders verhält sich das Ganze aber schon, wenn man die Feder/das Papier und die Nuss auf ein Buch (am besten ein anderes als das hier) legt und dieses dann fallen lässt. Da sowohl Feder/das Papier als auch Nuss im Windschatten des Buches fallen, fällt die Feder/das Papier genauso schnell wie die Nuss. Beides landet also gleichzeitig auf dem Boden, obwohl die Feder/das Papier deutlich leichter ist.

Natürlich hat diese Version des Experiments Schwächen, da am Buch kein Vakuum entsteht und man argumentieren könnte, dass die nachströmende Luft die Feder an das Buch drücke, aber für eine schnelle Veranschaulichung reicht es trotzdem.

Nun zurück zu unseren rollenden Dosen. Das absolute Gewicht spielt für die Beschleunigung Richtung Erdboden also keine größere Rolle, und auch der Druck in der Dose ist nach dem Schütteln immer noch derselbe.

Auch wenn die absolute Masse der Dose keine direkte Bedeutung für die Beschleunigung der Dose Richtung Erdboden hat, liegt in ihr trotzdem der Schlüssel zur Beantwortung unserer Frage. Kritisch für die Rollgeschwindigkeit eines Zylinders bei konstanter Beschleunigung ist nämlich die räumliche Verteilung seiner Masse. Ist die meiste Masse des Zylinders weit von seiner Drehachse entfernt, wie zum Beispiel bei einem Hohlzylinder, dann ist es viel schwieriger für ihn, sich in Bewegung zu setzen, als für einen genauso schweren Vollzylinder, bei dem sich ein Teil der Masse direkt in der Nähe der Drehachse befindet.

Diese unterschiedliche Verteilung der Masse um die Drehachse eines Objektes wird in der Physik durch das sogenannte Trägheitsmoment beschrieben. Je größer das Trägheitsmoment eines Gegenstandes ist, desto weniger will dieser Gegenstand in Rotation versetzt werden. Diesen Effekt machen sich unter anderem auch Seiltänzer zunutze,

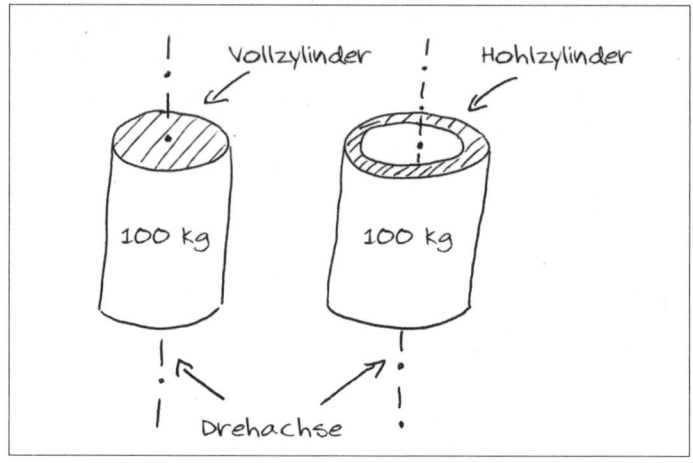

Beide Zylinder wiegen gleich viel und haben die gleichen Außenabmessungen. Der einzige Unterschied besteht in der Massenverteilung.

wenn sie einen langen Stab zum Balancieren benutzen. Durch die Verwendung des Stabes liegt auch hier ein großer Teil der zu balancierenden Masse weit weg von der Drehachse, in diesem Fall den Füßen des Artisten auf dem Seil. Da sich der Stab um diese Achse nur sehr widerwillig drehen möchte, ist es dem Artisten damit möglich, deutlich leichter über das Seil zu laufen.

Mit dem Trägheitsmoment ist es ähnlich wie mit dem morgendlichen Aufstehen und Zurarbeitgehen: Je größer die Trägheit beziehungsweise das Trägheitsmoment, desto mehr Energie muss für die Überwindung und den Weg zur Arbeit beziehungsweise also die Rotation aufgebracht werden. Im Gegensatz zur sehr individuellen und wissenschaftlich schwer messbaren persönlichen Trägheit lässt sich das

Trägheitsmoment (das in Formeln mit einem J abgekürzt wird) eines Zylinders aber wunderbar berechnen. Für einen Vollzylinder, der sich um seine Symmetrieachse (die gestrichelte Linie) dreht, gilt:

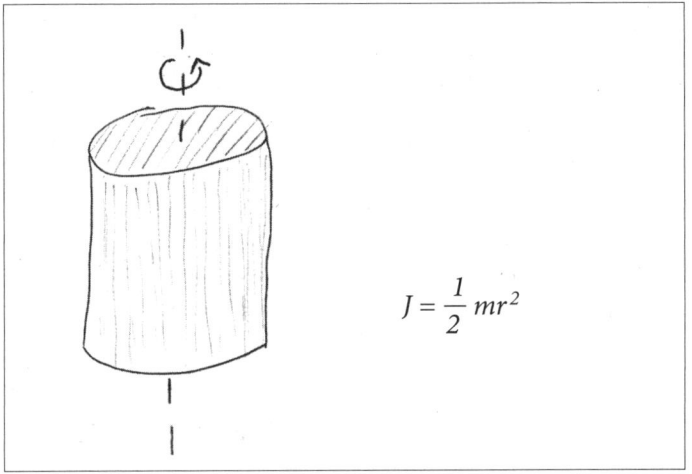

$$J = \frac{1}{2} mr^2$$

Das Trägheitsmoment eines Vollzylinders berechnet sich nach dieser einfachen Formel.

Wie wir an der Formel sehen können, ist das Trägheitsmoment eines Zylinders von seiner Masse und seinem Radius abhängig. Moment! Das sind doch beides Größen, von denen wir eigentlich schon geklärt hatten, dass sie sich beim Schütteln der Dose gar nicht ändern. Und trotzdem hilft uns diese Formel bei der Suche nach der Lösung unseres Rätsels ein Stück weiter. Die Formel beschreibt nämlich einfach das Trägheitsmoment eines homogenen massiven Zylinders, also eines Zylinders, in dem die ganze Masse gleichmäßig verteilt ist und alle Masse bei der Drehung um die Drehachse auch mitmacht. Das ist bei unseren Dosen nicht unbedingt gegeben, denn sie bestehen aus einer dünnen Blechwand und sind mit einer Flüssigkeit gefüllt.

Wenn wir uns eine transparente Wasserflasche ansehen, die wir über den Fußboden rollen, beobachten wir, dass die Flüssigkeit in der Flasche die Rollbewegung nicht vollständig mitmacht, die Luftblase bleibt nämlich immer oben. Genau das Gleiche passiert bei unseren Bierdosen. Während die Blechdosen beim Rollen um ihre Drehachse rotieren, bleibt der meiste Teil des darin befindlichen Bieres vollkommen ruhig und gleitet lediglich die Ebene hinunter.

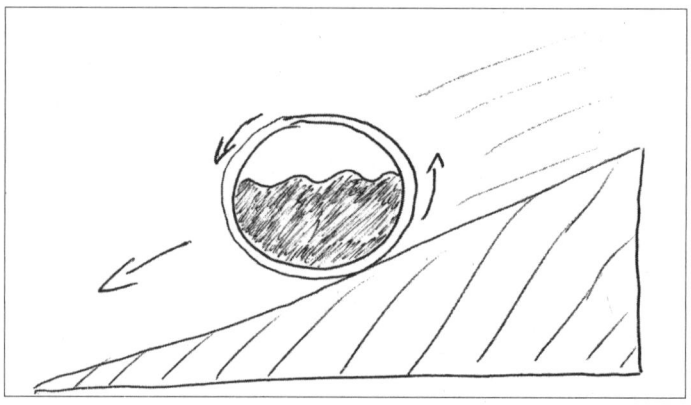

Im Querschnitt der Bierdose, die eine schräge Ebene hinunterrollt, sieht man, dass das Bier fast ruhig bleibt, während die Dose in Rotation versetzt wird.

Das Trägheitsmoment einer Bierdose ist also sehr stark davon abhängig, ob sich das Bier in der Dose mit dreht oder eben nicht. Und genau das ist der Knackpunkt in unserem Bierdosenexperiment: In der geschüttelten Dose wird aus irgendeinem Grund beim Hinunterrollen mehr Bier in Rotation versetzt als bei der nicht geschüttelten Dose, wodurch diese ein größeres Trägheitsmoment besitzt und dementsprechend langsamer rollt. Jetzt bleibt uns noch zu klären, warum in einer geschüttelten Bierdose beim Rollen mehr Bier in Rotation versetzt wird als bei einer nicht geschüttelten.

Schuld daran ist natürlich einmal wieder das CO_2 im Bier. Wenn wir die Bierdose schütteln, dann vermengen wir das CO_2, das sich im oberen Teil der Dose in einer großen Blase angesammelt hat, mit der mit CO_2 ohnehin gesättigten Flüssigkeit und stecken durch das Schütteln lokal auch noch ein klein wenig Energie in das ganze System. Das Ergebnis davon ist, dass sich viele kleine CO_2-Bläschen an Kratzern und mikroskopisch kleinen Verunreinigungen an der Innenseite der Dose bilden. Dieses Phänomen könnt ihr direkt beobachten, wenn ihr euch zum Beispiel ein Glas kohlensäurehaltiges Mineralwasser eingießt: Auch hier bilden sich an den Kratzern im Glas (die teilweise mit bloßem Auge nicht als solche zu erkennen sind) kleine CO_2-Blasen.

Das gleiche Phänomen sorgt übrigens auch dafür, dass Strohhalme meist nicht in einer Dose oder einem Glas mit Cola stecken bleiben wollen. Da die Oberfläche eines Strohhalms auf mikroskopischer Ebene recht rau ist, bilden sich dort vermehrt CO_2-Blasen, die den leichten Strohhalm immer wieder nach oben tragen.

Genau wie an dem Strohhalm, der aus der Dose/dem

Glas rutscht, ist kurz nach dem Schütteln der Bierdose die komplette Innenwand derselben mit kleinen CO_2-Bläschen überzogen. Die Reibung zwischen Doseninnenwand, Bläschen und Bier ist jetzt um einiges größer als vorher nur zwischen Doseninnenwand und Bier. Die CO_2-Bläschen sitzen relativ fest an der Dosenwand und wirken nun beim Drehen der Dose fast wie kleine Schaufelräder, die einen größeren Teil des Bieres mit in Rotation versetzen, als es die Wand ohne die Bläschen tun könnte.

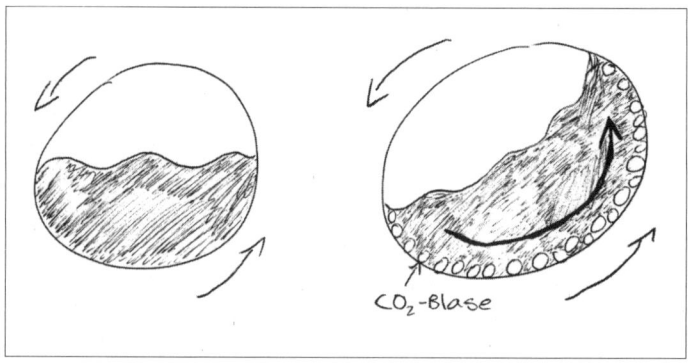

CO₂-Blase

Bei der geschüttelten Dose rechts im Querschnitt wird das Bier durch die am Rand sitzenden CO_2-Bläschen, im Gegensatz zur nicht geschüttelten Dose links, mitgerissen und ebenfalls in Rotation versetzt.

Dem Bier platzt der Kragen

Mit dieser Erkenntnis können wir nun auch erklären, warum eine geschüttelte Dose Bier so unglaublich viel Schaum produziert und in alle Richtungen spritzt. Bevor man sie öffnet, herrscht in der Dose ein leichter Überdruck; deshalb ist sie auch hart und zischt, wenn sie geöffnet wird. Zusätzlich muss man noch wissen, dass die Löslichkeit von CO_2 im Wesentlichen von zwei Größen abhängt: der Temperatur und dem Druck. Je niedriger die Temperatur und je höher der Druck ist, desto mehr CO_2 lässt sich in einer Flüssigkeit lösen. Öffnen wir nun die Dose, dann entweicht aus ihr ein wenig CO_2, und es findet ein Druckausgleich statt. Der Druck in der Dose sinkt also recht schnell auf den normalen Luftdruck außerhalb der Dose ab. Durch die Absenkung des Drucks kann plötzlich weniger CO_2 in der Flüssigkeit gelöst werden, und die Blasen, die an der Innenseite der Dose sitzen, wachsen explosionsartig an.

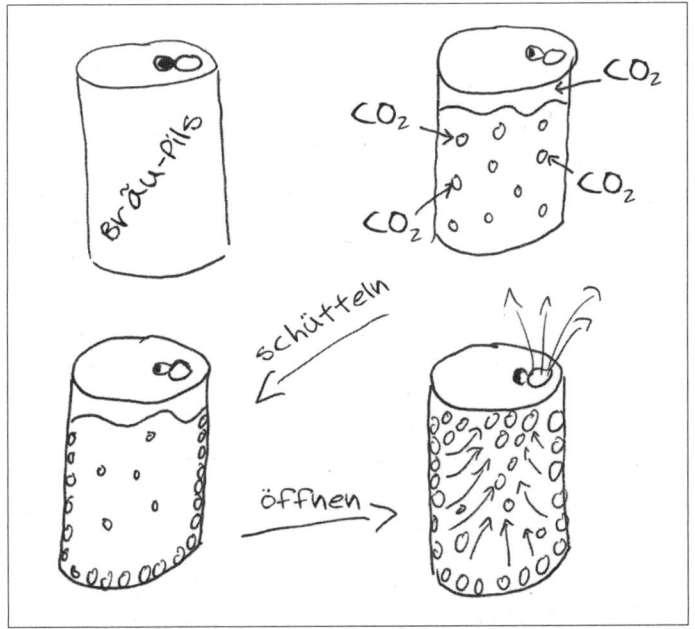

Die vier Stadien einer geschüttelten Bierdose beim Öffnen.

Sind die Blasen groß genug, lösen sie sich von der Dosenwand und steigen nach oben. Da dieser Vorgang beim Öffnen im Bruchteil einer Sekunde etliche Male passiert, nehmen die aufsteigenden Blasen auf ihrem Weg nach oben einen großen Teil des Bieres mit, das dann in Form von Schaum aus der Dose schießt. Auch wenn es sich irgendwie paradox anhört, aber die Dose schäumt also nicht wegen eines Druckanstiegs, sondern wegen eines spontanen Druckabfalls über.

Im Umkehrschluss ist so übrigens auch klar, was gegen überschäumende Bierdosen hilft. Ich beobachte häufig, dass Leute mit ein paar Fingern halbherzig auf die Öffnung der Dose trommeln, bevor sie sie öffnen. Das bringt leider gar nichts oder nur sehr wenig, denn die Kohlensäurebläschen sitzen ja vor allem am Rand der Dose. Viel effektiver ist es, mit einem Finger kräftig gegen die Seiten der Dose zu schnipsen. Durch die kurze starke Erschütterung lösen sich die meisten Bläschen von der Doseninnenseite und sammeln sich wieder in einer großen CO_2-Blase oben in der Dose. Am besten funktioniert das übrigens, wenn man mehrmals von oben nach unten und einmal um die Dose herum fest mit dem Finger gegen ihre Wand schnipst. Zwar kann es beim Öffnen dann immer noch zu kleinen Spritzern kommen, weil sich beim Aufsteigen der Blasen auch ein wenig Schaum unter der Öffnung bildet, aber die Dose kann im Großen und Ganzen recht gefahrlos geöffnet werden.

Mattes hatte es in der Silvesternacht nur mit den drei unmotivierten Trommlern auf die Oberseite der Dose und einem Stoßgebet probiert und wurde entsprechend nass. Als Brite nahm er das verlorene Duell aber wie ein Gentleman, gratulierte Tom und stieß mit uns allen fröhlich auf das neue Jahr an.

Ort der Finsternis – Impulserhaltung

Vor der Haustür der Kölner Straße 13a: 1.30 Uhr

Um uns herum schien alles zu explodieren. Aus allen Richtungen kamen, begleitet von ohrenbetäubendem Lärm, leuchtende, explodierende Geschosse geflogen. Es roch nach Angstschweiß und Schwarzpulver. Über die gesamte Straße verteilten sich verkohlte Reste aus gepresstem Papier, leeren Mörsern und langen Holzstielen.

Wir hatten zu diesem Zeitpunkt bereits des Öfteren versucht, aus unserer Deckung auszubrechen, um den strategisch guten Platz hinter dem Transformator am Ende der Straße zu sichern, aber die Schnösel-WG von der anderen Straßenseite war in diesem Jahr einfach zu gut bewaffnet und organisiert. Kaum steckte man den Kopf aus dem Hauseingang, schon stand man in einem Regen aus Böllern, Knallfröschen und diesen verdammten Heulern, die einem fast das Trommelfell zum Platzen brachten. Ich hockte bereits seit mindestens 20 Minuten mit Tom und

Mattes hinter einem provisorischen Schneewall, den wir einen Tag zuvor aufgeschüttet und mit einem Wasserzerstäuber verfestigt hatten. Ich versuchte verzweifelt, die Lunte eines China-Böllers D mit einem viel zu kleinen Feuerzeug und dafür deutlich zu dicken Handschuhen in Brand zu setzen.

»Herrgott, ich hatte doch gesagt, dat es für unsern Plan wichtig ist, dat du wat *Vernünftiges* zum Anzünden mitbringst. Deinetwegen gehen wir hier alle noch drauf!«, brüllte Tom, als er mir den Böller aus der Hand nahm, die Lunte kurz an die Spitze seiner dicken Zigarre hielt und das Geschoss über den Schneewall auf die andere Straßenseite warf. Obwohl Tom eigentlich allein seines Berufes wegen eher ein ruhiges, wenig reizbares und sehr friedvolles Gemüt an den Tag legte, war gerade er derjenige, dessen Vorbereitung und Leidenschaft für diese Schlacht mit den Jahren immer akribischer und brennender wurden. Inge hatte irgendwann die Vermutung geäußert, dass er das nervenzehrende Schuljahr nur so ruhig und gelassen überstand, weil er sich die gesamte angestaute Wut für diesen einen Abend im Jahr aufbewahrte, um ihr dann mit einem Flachmann voll Whisky in der Innentasche seines Jacketts und einer dicken Zigarre im Mundwinkel freien Lauf zu lassen. Es war quasi seine persönliche Purge-Nacht mit Goldregen und Ladykrachern. Wir saßen jedenfalls hinter dem Schneewall, wenige Meter von unserem Hauseingang entfernt fest, und warteten auf ein Wunder – wie jedes Jahr.

Unsere alljährliche Böllerschlacht nahm ihren Anfang, als an einem Silvesterabend zufällig ein Kanonenschlag (ein sehr lauter Knallkörper) von der anderen Straßenseite in unserem Hausflur landete und dort explodierte. Yuri und Inge, die sich gerade genau dort aufhielten, konnten sich anschließend eine Woche lang nur noch mit Gesten oder Zettel und Stift verständigen. Im Folgejahr nahmen die beiden dann Rache für ihr temporär verlorengegangenes Gehör und sprengten den Briefkasten unserer Nachbarn mit, Zitat, »harmlosen, kleinen Knallerchen«, die Yuri von einer Dienstreise aus Polen mitgebracht hatte.

Tja, und seitdem führen wir einmal im Jahr Krieg. Mattes musste damals nicht lange von Yuri und Inge überzeugt werden, um einen alten Stahlhelm unter dem Bett hervorzukramen, den Patronengurt seines Urgroßvaters abwechselnd mit kleinen Böllern und kleinen Schnäpsen zu bestücken und sich den beiden anzuschließen. Mich köderten die drei in dem Moment, in dem es darum ging, Raketen zu modifizieren und Schwarzpulver umzufüllen. Tom schloss sich irgendwann als moralischer Beistand und damals noch maßregelnde Stimme der Vernunft unserem Schlachtzug an, damit wir es nicht zu sehr übertrieben.

Ob der ursprüngliche Kanonenschlag, der die ganze Bredouille ausgelöst hatte, damals wirklich von unseren Nachbarn stammte, konnte, wie es sich für einen ordentlichen Konflikt gehört, übrigens niemals endgültig aufgeklärt werden. Einmal in Gang gesetzt, war die Böllerschlacht zu Silvester nicht mehr aufzuhalten und artete von Jahr zu Jahr ein klein wenig mehr aus. Die Kartoffelkanone vom letzten Silvester war schon erschreckend eskalierend. Mal abgesehen davon, dass die Handhabung dieses selbstgebastelten Ungetüms doch sehr zu wünschen übrigließ und das Nachladen für unsere kleine Straßenschlacht viel zu lange dauerte, hätten wir uns mit dem Ding am Ende fast selbst in die Luft gejagt. Beim dritten Schuss hatten sich damals die beiden Endstücke der PVC-Rohre mit einem lauten Knall verabschiedet, wobei Inge fast einen ihrer Finger verloren hätte. Die Holzverstärkungen und die mindestens acht Schrauben pro Verbindung, die Yuri in der Anleitung aus dem Internet gepflegt ignoriert hatte, hätten also durchaus ihren Sinn gehabt. Es ist erschreckend, was man mit ein wenig Haarspray und ein paar Rohren aus dem Baumarkt in einer halben Stunde zusammenschrauben kann. Von selbstgebauten Geschützen hatten wir nach dieser Erfahrung erst einmal Abstand genommen und konzentrierten uns auf andere Arten der Kriegführung. Dieses Jahr sollte es die biologische sein. Eigentlich endete unsere traditionelle Silvesterschlacht immer damit, dass einer Seite die Böller ausgingen und diese sich daraufhin kleinlaut zurückzog, während die siegreiche Straßenseite weiterfeierte und ihre restliche Munition in den Himmel schoss. Dieses Jahr sollte es anders enden …

Die Schlacht an diesem Abend begann etwa 40 Minuten nachdem sich Mattes und Tom das Bierduell geliefert und wir alle mehr oder weniger trocken auf das neue Jahr angestoßen hatten. Ich saß zu dieser Zeit schon wieder in Toms Zimmer auf der Couch, trank ein Bier, unterhielt mich mit einem unserer russischen Gäste und beobachtete Tom dabei, wie er in Gedanken versunken vor seinem kleinen Humidor stand, die Finger der rechten Hand zwischen die Knöpfe seines Hemdes gesteckt und auf seinen Füßen vor- und zurückwippend. Er entschied sich in diesem Jahr nach kurzer Überlegung für eine Romeo Y Julieta No. 2, eine 178 mm lange und 18,65 mm dicke Zigarre, die schon der große Stratege und Feldherr Winston Churchill mit großer Vorliebe geraucht hatte. Als Tom seine Julieta No. 2 gerade in seinen Taschenhumidor gesteckt und noch die dafür geeigneten langen Streichhölzer aus seiner Schreibtischschublade hervorgekramt hatte, hörten wir, wie Inge schwer beladen durch den Hausflur gepoltert kam. Sie trug Ohrstöpsel, hatte sich mit ihrem schwarzen Kajal zwei dicke Balken unter die Augen gemalt und stürmte mit einer Zigarette im Mundwinkel, einem prall gefüllten Rucksack und zwei Jutebeuteln voller Feuerwerkskörper »VENDETTA!!!« schreiend die Treppe hinunter. Yuri, der ebenfalls seinen Rucksack geschultert hatte, und Mattes folgten ihr mit ernster Miene und fest entschlossen, womit die Schlacht in diesem Jahr offiziell als eröffnet galt. Tom und ich blickten uns kurz an und zogen ebenfalls los, um unsere Freunde zu unterstützen.

Auf der Straße stürmten Yuri und Inge sofort hinter Yuris Bulli, den sie strategisch günstig ein kleines Stück rechts neben unserem Hauseingang geparkt hatten. Mattes, Tom und ich hielten uns links, schossen vorbei am Telefonverteilerkasten, hin zu unserem weißen, mühevoll verdichteten Schutzwall. Dort saßen wir nun immer noch, direkt unter der Laterne, wie auf einem Silbertablett serviert. Der große Lieferwagen, den wir uns als Deckung von der Seite gedacht hatten und der gestern noch direkt neben dem Wall geparkt hatte, war verschwunden – wir saßen in der Falle. Abgeschnitten vom Nachschub aus dem Hausflur, war es nur eine Frage der Zeit, bis uns in dieser Stellung die Munition ausgehen würde, und an ein weiteres Vordringen zum Transformatorkasten 20 Meter weiter links auf der anderen Straßenseite war nicht mehr zu denken. Der ursprüngliche Plan hatte vorgesehen, dass Tom und Mattes sich hinter dem Transporter vorbeischleichen sollten, um sich links vom Hauseingang unserer Gegner zu verschanzen. Während ich unsere Kontrahenten mit einer Batterie aus Leuchtfeuerwerk und Knallfröschen abgelenkt hätte, wären Inge und Yuri langsam und unbemerkt in ihrem »Panzer-Bulli« auf die rechte Seite vorgerollt. Ziel war es, unseren Gegner in die Zange zu nehmen und von drei Seiten gleichzeitig zu attackieren, bis er schließlich aufgeben würde.

Dieser Plan schlug komplett fehl, und unser Gegner nagelte uns mit einem nicht enden wollenden Hagel aus Ladykrachern und Heulern in unserer Position fest. Yuri und Inge zogen sich in unseren Hauseingang zurück und gaben uns von dort wilde Handzeichen. Nach zwei bis drei Minuten hatten wir verstanden, was die beiden von uns wollten: Feuerschutz. Mattes und ich stellten daraufhin einen Pappkarton mit mittelgroßen Böllern zwischen uns hinter den Schneewall, und Tom kniete sich mit seiner Zigarre direkt daneben. Mattes und ich entnahmen abwechselnd im Halbsekundentakt einen Böller aus der Kiste, streiften mit der Zündschnur Toms Zigarre und ließen die andere Straßenseite in einem kurzen Böllerhagel verstummen. Diese Aktion dauerte gerade einmal eine Minute an, reichte aber für Inge und Yuri aus, um mit ihren Rucksäcken und einem ihrer Munitionsjutebeutel zu uns herüberzusprinten. Obwohl für dieses Jahr schon alles verloren schien und ich für jede Hilfe dankbar gewesen wäre, bereitete es mir leichte Krämpfe im Magen, als Yuri uns mitteilte, dass er und Inge damit gerechnet und daher in den letzten Wochen vorsichtshalber einen alternativen Plan entwickelt hätten. Der könne in unseren Augen vielleicht ein klein wenig extrem wirken, würde die Schlacht an diesem Abend und auch in Zukunft aber mit einem einzigen Schlag beenden können.

Der diabolische Plan

Ich hatte Yuri bis dahin schon ein- bis zweimal erzählen hören, dass sein Vater eine Zeitlang leitender Ingenieur am Kernreaktor in Tschernobyl gewesen sei, hatte die Geschichte aber immer für Quatsch gehalten. Für den Bruchteil einer Sekunde verspürte ich hinter dem Schneewall in dieser Nacht dann doch Angst, dass auch diese Geschichte einen Funken Wahrheit enthalten könnte.

Vor unseren erwartungsvollen Blicken zog Yuri eine kleine, leicht verschrammte, dafür aber stark aufgeblähte Dose aus Inges Rucksack.

»Meine sehr geehrten Herren, was Sie hier vor sich sehen, nennt man *Surströmming*. Es handelt sich dabei um eine traditionelle Fischkonserve, die in Schweden jedes Jahr ab dem dritten Donnerstag im August verkauft wird. Dieses wunderschöne Exemplar schmuggelte mein Vater damals höchstpersönlich aus Schweden über die Ukraine in die DDR. Er erzählte mir damals auch, dass er dieses Zeug nicht einmal seinen schlimmsten Feinden wünsche.«

Wir reichten die Dose im Kreis herum und fragten uns, warum und vor allem wie eine alte Fischkonserve diese Schlacht noch herumreißen könnte.

»Surströmming ist geköpfter und ausgenommener Hering, der in Salzlake eingelegt wird, bis er anfängt zu gären. Danach wird der Fisch in Dosen verpackt, in denen er weiter vor sich hin faulen kann. Aufgrund der bei der Verwesung entstehenden Gase wölbt sich die Dose immer weiter. Das Einprägsamste an dieser Delikatesse ist eindeutig ihr Geruch. Menschen, die diesen Gestank nicht gewohnt sind, müssen sich meist spontan übergeben. Wir werden diese alte Dose öffnen und ihren Inhalt anschließend über den gegnerischen Reihen niederregnen lassen!« Bei diesen Worten funkelten Yuris und Inges Augen, Mattes hielt aufgeregt den Atem an, und Tom war die Zigarre aus dem Mund gefallen. Auch wenn ich sicher war, dass Yuri und Inge schon längst einen Plan parat hatten, fragte ich trotzdem vorsichtig nach, wie sie sich das Ganze genau vorgestellt hatten: den Fisch einfach hinüberwerfen? So weit kam man vielleicht mit der geschlossenen Dose und ein bisschen Anlauf, aber nicht mit dem Fisch allein. Außerdem klang der Plan doch sehr nach Selbstmordkommando. Irgendeiner von uns musste die Dose ja schließlich öffnen! Aber wie zu erwarten, hatten Yuri und Inge wirklich an *fast* alles gedacht. Für die Verteilung des Fisches wollten die beiden ein paar Silvesterraketen zweckentfremden, von denen sie die oberen Kappen abgelöst hatten, um einen Teil der explosiven Ladung gegen den bestialisch stinkenden Fisch auszutauschen. Damit der Rest der Ladung trocken blieb, sollten die Fischportionen für jede der Raketen in ein Kondom gefüllt und zugeknotet werden. Die Explosion der Rakete würde das Kondom sicher aufreißen und den stinkenden Fisch gleichmäßig in unmittelbarer Umgebung der Explosion verteilen.

Ich musste schon zugeben: Der Plan war moralisch höchst fragwürdig, andererseits aber auch genial! Als ich erneut auf das Problem hinwies, dass wir in dem Moment, in dem wir die Dose öffneten, in erster Linie selbst den unerträglichen Gestank der Fischkonserve würden ertragen müssen, öffnete Yuri seinen Rucksack und zog zwei alte Gasmasken, wahrscheinlich aus NVA-Beständen, und drei Wäscheklammern hervor. »Inge und ich werden die Dose öffnen und die Kondome befüllen. Da wir direkt am Fisch arbeiten, tragen wir dabei die Masken mit den Aktivkohlefiltern. Ihr bereitet in der Zwischenzeit die Raketen für ihre neue Füllung vor und tragt dabei die Klammern. Nur um euch vorzuwarnen, auch mit den Klammern werdet ihr den Gestank zum Teil allein durch eure Atmung wahrnehmen können, allerdings deutlich abgeschwächt. Für mehr hat es so kurzfristig leider nicht gereicht. Achtet darauf, dass die Klammern immer fest und ordentlich sitzen, der Gestank wird sich hier nämlich noch ein paar Stunden halten!«

Der stinkende Haken

Um mit jeder Rakete eine ausreichende Menge Fisch zu verteilen, sollte der verwesende Inhalt der aufgeblähten

Dose auf insgesamt fünf Raketen aufgeteilt werden, die dann zeitgleich von uns gezündet werden sollten, um unserem Gegner keine Möglichkeit zum Ausweichen zu geben und so unsern Sieg zu garantieren. Der kleine physikalische Haken: Die Kondome mit dem Fisch wären viel schwerer als die Kügelchen der Effektladung der Rakete, was ein ernsthaftes Problem darstellte. Die Effektladung einer Silvesterrakete ist das, was wir am Boden als Feuerwerk sehen, also die Nutzlast der Rakete. Je nachdem, welches Element die kleinen Kügelchen dieser Nutzlast enthalten, leuchtet die Rakete bei ihrer Explosion dann grün bei Barium, gelb bei Natrium und rot bei Strontium. Die Farbe der Raketen war für unseren Plan natürlich vollkommen belanglos, das Gewicht der Nutzlast hingegen hochgradig kritisch, wie ich Yuri und Inge hinter dem Schneewall aufgeregt zu erklären versuchte. Im schlimmsten Fall würde die Rakete dadurch nämlich nicht abheben oder sich nur ein kleines Stück vom Boden entfernen und dann direkt über uns ihren stinkenden Inhalt verteilen. Wir mussten die Rakete also noch ein klein wenig mehr modifizieren.

Der wesentliche physikalische Grund, warum eine Rakete durch die Verbrennung ihrer Treibladung vom Boden abhebt, ist die Impulserhaltung, weshalb eine Rakete im Gegensatz zu einem Flugzeug auch keine Tragflächen benötigt, um sich vom Boden zu lösen. Der Impuls ist eine physikalische Größe aus der Mechanik und das Produkt aus Masse und Geschwindigkeit, also:

$$p = m \cdot v$$

Im Gegensatz zu anderen Größen aus der Mechanik, wie der Kraft oder dem Drehmoment, ist der Impuls im Alltag schwerer greifbar, obwohl er uns mindestens genauso oft begegnet wie die anderen beiden Größen. Da der Impuls eines Gegenstandes immer von der Masse *und* seiner Geschwindigkeit abhängig ist, können sowohl leichte als auch schwere Gegenstände einen hohen Impuls haben, wenn sie sich mit den entsprechenden Geschwindigkeiten bewegen. Wenn man sich unter dem Impuls etwas vorstellen möchte, dann am besten die Wucht, mit der man von dem entsprechenden Gegenstand getroffen wird. Ein Projektil ist zum Beispiel meist sehr leicht, dafür aber verdammt schnell – es hat also einen sehr hohen Impuls. Einen ähnlich hohen Impuls hat auch eine Straßenbahn, die im Schneckentempo auf einen zurollt. Die Straßenbahn ist zwar sehr langsam, wiegt dafür aber ein paar Tonnen und hat daher selbst bei einer sehr geringen Geschwindigkeit einen riesigen Impuls. Bei beiden Dingen, egal, ob schnelle Kugel oder langsame Straßenbahn, ist es auf jeden Fall eine sehr schlechte Idee, ihnen im Weg zu stehen. Der Impuls ist nämlich eine sogenannte Erhaltungsgröße, die sich nur sehr ungern ändern möchte. Ein unfreiwillig komisches und zugleich tragisches Beispiel für die Tücken der Impulserhaltung findet man im Netz, wenn man nach den Begriffen »Hamster« und »Gymnastikball« googelt: ein kurzes Video, in dem ein Mädchen ihrem Hamster zeigen möchte, wie toll man auf einem Gymnastikball hüpfen kann. Sie setzt den Hamster auf den Ball, hebt ihn vorsichtig ein paar Zentimeter an und lässt ihn dann fallen. Beim Abprallen vom Fußboden wird ein Teil des Impulses des

Balls auf den Hamster übertragen, der Ball hüpft also nicht mehr ganz so hoch wie ohne den Hamster. Da der Ball jedoch ein Vielfaches des Hamsters wiegt, macht sich das bisschen Höhe, das der Ball bei der Impulsweitergabe einbüßt, aber kaum bemerkbar. Der Hamster bekommt den erhaltenen Impulsbetrag durch seine geringe Masse allerdings mehr als deutlich in einer stark gesteigerten Geschwindigkeit zu spüren, und er fliegt kurz nach dem Aufprall des Balles in hohem Bogen aus dem Bild.

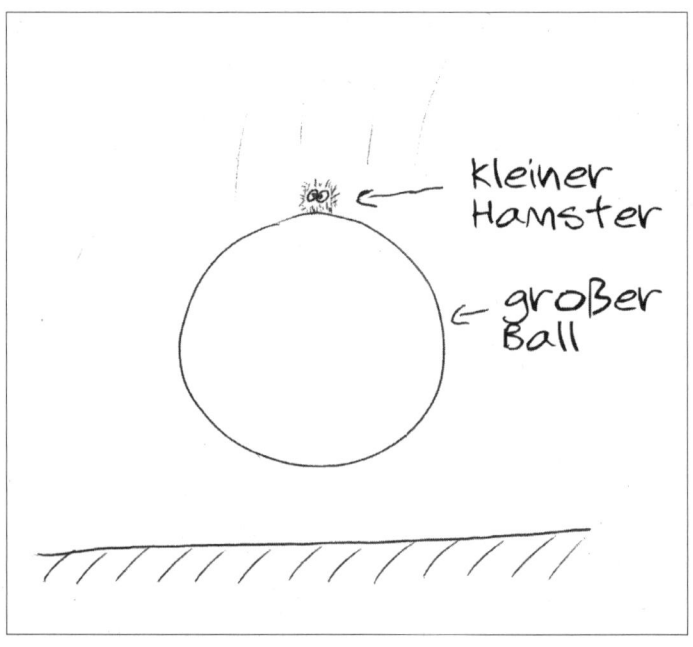

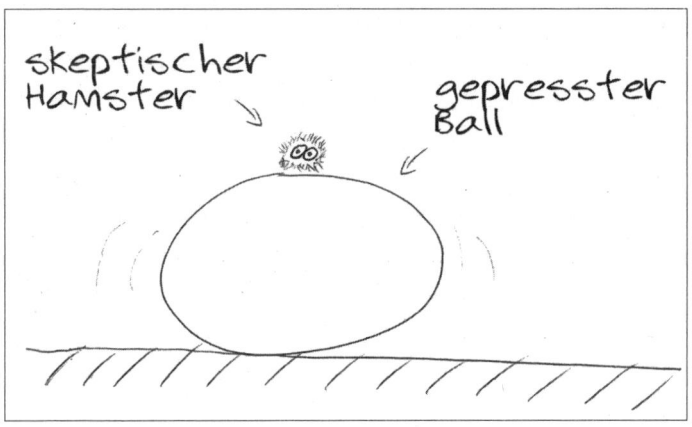

Die Impulserhaltung hat durch den großen Massenunterschied von Ball und Hamster dramatische Folgen.

Ähnlich wie beim Hamster sorgt auch bei der Rakete die Impulserhaltung dafür, dass eine Rakete fliegt. An Silvester hat unser Gesamtsystem (die Rakete, die mit ihrem Stiel in einer leeren Sektflasche steht) zu Beginn den Impuls null. Sie bewegt sich ja schließlich noch nicht, sondern steht einfach nur still da. In dem Moment, in dem wir die Treibladung der Rakete zünden, schießen durch die Verbrennung in ihrem hinteren Teil Gase mit einer wahnsinnigen Geschwindigkeit aus der Rakete heraus. Erkennen lässt sich das sehr gut an der kleinen Stichflamme am Ende des Treibsatzes einer startenden Rakete. Diese Gasteilchen, die nach hinten aus der Rakete herausgeschleudert werden, wiegen zwar nicht viel, haben aber durch ihre unglaublich hohe Geschwindigkeit einen nennenswerten Impuls. Der Impuls des Gesamtsystems will wegen der Impulserhaltung gern so bleiben, wie er am Anfang mal war, und das war in diesem Fall exakt null. Damit der Gesamtimpuls des Systems »Rakete« in der Summe wieder null ergibt, muss sich die Rakete entgegen der Bewegungsrichtung der Gasteilchen bewegen. Wir haben dann einmal den Impuls der vielen kleinen Gasteilchen, die nicht viel wiegen, aber unglaublich schnell sind, und den entgegengesetzten Impuls der Rakete, die zwar bei weitem nicht so schnell ist wie die Gasteilchen, dafür aber deutlich mehr wiegt. Vom Betrag her ist der Impuls der Rakete und der des ausgestoßenen Gases exakt gleich, nur in die genau entgegengesetzte Richtung. Da die Rakete inklusive ihrer Nutzlast deutlich schwerer ist als das Gas, bewegt sie sich vor allem am Anfang recht langsam, wenn erst wenige Gasteilchen die Rakete verlassen haben und noch nicht viel Impuls an die Rakete übertragen wurde.

Besonders gut lässt sich das beim Start von richtig großen und schweren Raketen beobachten, die zum Beispiel einen Satelliten ins All befördern. Trotz der ausgefeilten Technik funktionieren diese riesigen Raketen genau nach dem gleichen Prinzip wie unsere Silvesterraketen. Man nennt dieses Prinzip auch Rückstoßprinzip. Es ist ebenso für den harten Rückschlag einer Schusswaffe verantwortlich: Wenn vorn die wenige Gramm schwere Kugel den Lauf mit einer Geschwindigkeit von über 1.000 km/h verlässt, dann muss es auch einen Impuls mit dem gleichen Betrag in die andere Richtung geben. Vor dem Abschuss der Kugel ist der Gesamtimpuls schließlich null.

Zum Glück musste ich Yuri und Inge nach den Erfahrungen mit der Kartoffelkanone im vorangegangenen Jahr nicht lange überzeugen, dass wir mit den Raketen auf diese Art Probleme bekommen würden und das Risiko, den Fisch selbst abzubekommen, so leider verdammt hoch wäre.

Das Experiment: die Schnapsrakete

Solltet ihr einmal in die brenzlige Lage kommen, jemandem auf einer Party das Funktionsprinzip einer Rakete erklären zu wollen – oder zu *müssen* –, es gibt ein sehr einfaches Experiment, das sich auf fast jeder Party mit den dort vorhandenen Dingen durchführen lässt. Alles was ihr dafür braucht, ist ein Gymnastikball und ein unschuldiger Hamster … Oder alternativ ein hochprozentiger Schnaps vom Schwarzbrenner eures Vertrauens und eine kleine Plastikflasche (am besten eignet sich eine von diesen dünnen Einwegflaschen). Wenn ihr die Flasche nun mit etwas Alkohol befüllt, diesen hin- und herschwenkt, ihn anschließend vorsichtig wieder ausschüttet und wartet, bis wieder ein wenig frische Luft in die Flasche gelangt ist, habt ihr eure höchstpersönliche kleine Schnapsrakete gebastelt! In dem Moment, in dem ihr nämlich die Flasche flach hinlegt und eine Flamme an die Öffnung der Flasche haltet, entzündet sich das Gemisch darin, die dabei blitzartig erhitzte Luft schießt aus der Öffnung und katapultiert die leichte Plastikflasche quer durch den Partyraum. Da man sich an der Stichflamme, die beim Zünden hinten aus eurer selbstgebauten Schnapsrakete herauskommt, richtig böse die Finger verbrennen kann und eine schnell herumfliegende Plastikflasche, die kurz vorher noch mit Hochprozentigem gefüllt war, auch sonst nicht ganz ungefährlich ist, muss ich euch natürlich dringend davon abraten, dieses Experiment selbst auszuprobieren, solange niemand in der Nähe ist, der sich entweder mit Raketen oder mit Verbrennungen oder mit Schnaps äußerst gut auskennt.

Yuri und Inge hatten neben den fünf größeren Raketen, die sie mit dem Fisch hatten befüllen wollen, zum Glück noch einen ganzen Haufen kleinerer Raketen eingekauft, deren Stiele hinter Inges Kopf aus dem Rucksack ragten. Wir hatten also alles parat, um Yuris und Inges Plan in die Tat umzusetzen. Mit den Gasmasken des alten Klassenfeindes ausgestattet, setzte Yuri den Dosenöffner seines Schweizer Taschenmessers an die ausgebeulte Fischkonserve, vergewisserte sich mit einem kurzen, ernsten Blick in die

Runde, dass wir auch wirklich unsere Nasenklammern trugen, und stach dann ein Loch in die Dose, die mit einem gurgelnden Zischen den fauligen Überdruck in ihrem Inneren auf die Menschheit losließ. Selbst mit der fast schon schmerzhaft eng sitzenden Nasenklammer konnte ich den fauligen Gestank des Surströmming geradezu schmecken. Mattes musste würgen, als uns die Duftwolke aus Tod und Verwesung erreichte, und Tom hatte Tränen in den Augen, als er sich verzweifelt an seiner Zigarre festhielt. Würde Walt Disney eine Mischung aus *The Walking Dead* und *Arielle, die kleine Meerjungfrau* verfilmen, Surströmming wäre der perfekte Trailer zum Film! Untote Fischmenschen könnten nicht schlimmer stinken.

Die Gasmasken von Inge und Yuri schienen besser zu funktionieren als unsere Nasenklammern. Die beiden verzogen keine Miene, als sie die vergorenen Fischfetzen in die Kondome füllten, während wir die fünf großen Raketen vorbereiteten. Um den Raketen den nötigen Zusatzschub zu geben, den sie dringend brauchen würden, um ihre faulige Fracht auf die andere Straßenseite zu transportieren, entfernten wir vorsichtig die Treibladungen der kleinen Raketen aus Inges Rucksack und befestigten jeweils zwei mit einer Lage Gaffa Tape an den Treibladungen der großen Raketen. Die drei Zündschnüre hatten so zwar einen Abstand von ein paar Millimetern, aber dank Toms dicker Zigarre und Inges Zigarette wäre es später kein Problem, die Lunten halbwegs gleichzeitig anzuzünden. Nachdem alle Raketen mit zusätzlichen Boostern ausgestattet waren und wir einen Teil der Effektladung entfernt hatten, manövrierten Yuri und Inge die dünnen Gummihäutchen mit ihrem fatalen Inhalt mit größter Vorsicht in die Papphöhren der Raketen und verschlossen sie mit ihren bunten Plastikkappen.

Mit den leicht modifizierten Raketen in der Hand fühlte man sich ein wenig wie der ultimative Bösewicht aus einem James-Bond-Film, der seinem Widersacher nicht lange erklärt, wie er ihn ins Jenseits befördern wird, sondern es schlicht und einfach tut! Es war also alles bereit für den ultimativen Gegenangriff, der die Schlacht an diesem Abend beenden sollte. Die einzige Sorge, die Tom noch hatte, war, dass wir zum Aufstellen, Ausrichten und Zünden unserer Vergeltungswaffe wohl oder übel unsere sichere Deckung würden verlassen müssen, da der Schneewall der Flugbahn der Raketen im Weg stehen würde. Aber auch daran hatte Yuri gedacht: Sein Plan sah vor, dass die Raketen in leeren Sektflaschen stecken, die in einem kleinen Schneehaufen direkt hinter dem Schutzwall leicht abgeschrägt vergraben werden und zwei von uns auf sein Zeichen die Kuppe unseres Schutzwalls niederreißen, während Tom die Raketen zünden sollte. »Haben die anderen dann nicht freie Schussbahn auf uns, wenn wir unsere eigene Deckung niederreißen? Das ist doch bescheuert!«, stellte Tom fest und klang dabei durch seine Nasenklemme wie Willi, der Majas Plan, in das unbekannte Blumenfeld zu fliegen, immer noch für viel zu gefährlich hält. »Sie werden es nicht kommen sehen!!!«, kritzelte Yuri auf einen Zettel, den er vor seine Gasmaske hielt, und zeigte dabei auf die Straßenlaterne, die unseren Schneebunker in ein kontrastreiches gelbes Licht tauchte. Wir verstanden, nickten und machten uns bereit für den Angriff.

Anfangs lief alles wie am Schnürchen. Tom und Inge standen mit ihren Glimmstängeln an den Raketen bereit, um sie jederzeit auf ihre schicksalhafte Reise zu schicken. Mattes und ich lehnten am Schneewall, um ihn zum richtigen Zeitpunkt wie die Berliner Mauer mit bloßen Händen niederzureißen, und Yuri kauerte im Schatten des Walls, etwa einen Meter entfernt von der Straßenlaterne.

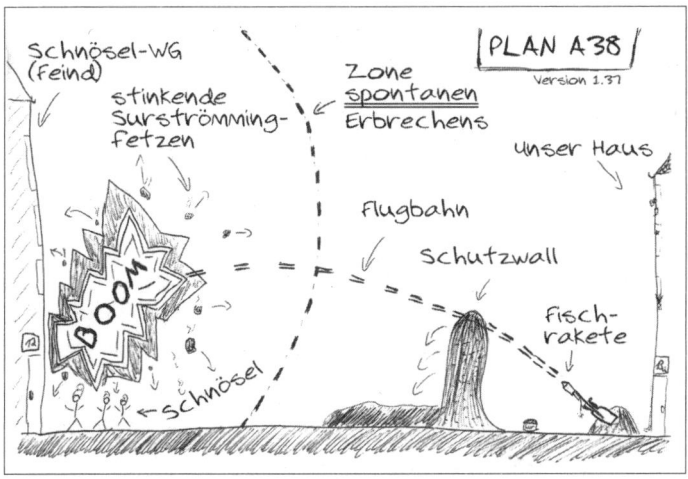

Plan A38 von Inge und Yuri, um die Schnösel-WG ein für alle Mal zu schlagen.

Wir warteten gespannt auf unseren Einsatz. Als das Dauerfeuer unserer Nachbarn für einen kurzen Moment pausierte, machte Yuri zwei Schritte zurück und gab das Zeichen. Ab hier passierte alles gefühlt wie in Zeitlupe. Inge und Tom zündeten die Lunten der ersten beiden Raketen und gingen jeweils zur zweiten über, als Yuri mit einem kurzen

Anlauf und voller Wucht gegen die Laterne trat und uns damit augenblicklich in absolute Dunkelheit hüllte. In dem Moment, als sich das Glimmen von Toms Zigarre und Inges Zigarette an der mittleren Rakete trafen, traten Mattes und ich wie die Wilden gegen die Kuppe unseres Schneewalls. Die gab gerade noch rechtzeitig nach, als sich die ersten beiden Raketen mit einem vergleichsweise leisen »Fuuuuupppp« aus ihren Flaschen befreiten und knapp über unseren Köpfen hinweg auf das benachbarte Haus zuflogen.

Die Schlacht endete an diesem Abend ein für alle Mal mit fünf fast zeitgleichen dumpfen Explosionen, gefolgt von Stille, die nur gelegentlich von Wimmern, Würgen und einem keuchend herausgepressten »Oh, mein Gott! Ihr seid doch krank!« unterbrochen wurde.

Ich kann bis heute kaum fassen, dass dieser wahnwitzige Plan von Yuri und Inge tatsächlich funktioniert hat. Genau genommen funktionierte er sogar deutlich besser als erwartet, denn noch im Januar stand plötzlich ein Umzugswagen in unserer Straße und von der Nachbar-WG haben wir seit diesem Tag niemals wieder jemanden gesehen … Auch wenn ich heute in der ein oder anderen Silvesternacht ins Grübeln gerate und mich frage, ob wir damals nicht vielleicht doch einen kleinen Schritt zu weit gegangen sind, muss ich schmunzeln, wenn ich rechts unter dem Fenster in der ersten Etage der Kölner Straße die Spuren sehe, die der herumspritzende Surströmming an der Hausfassade hinterlassen hat.

Obwohl wir die Straßenschlacht unseres Lebens geschlagen hatten, verzichteten wir darauf, noch lange auf der Straße zu feiern. Wir hatten uns zwar noch reichlich Feuerräder und Fontänen aufbewahrt, aber auch auf unserer Straßenseite mischte sich unter den üblichen Schwefelgeruch eine leichte Prise Verwesung und Tiefsee! Nach einem stark abgekürzten Freudenfeuerwerk, bei dem Inge und Yuri Arm in Arm um Yuris Bulli tanzten, während wir die letzten kleinen Raketen in den Nachthimmel schossen, machten wir uns also wieder auf in unsere warme Wohnung, wo zu diesem Zeitpunkt auch der Rest der Gäste auf den Höhepunkt der Party zusteuerte.

Wer ist John? – Farbmischung

WG-Küche: 3.01 Uhr

Nachdem wir von unserem Schlachtzug erfolgreich zu-
rückgekehrt waren, ließen wir uns an der improvisierten
Bar zwischen Leergut und Küchenzeile nieder. Auf dem
großen Röhrenfernseher hinten in der Ecke lief Bob Ross'
»The Joy of Painting«, und eine kleine Gruppe gut an-
getrunkener und leicht übermüdeter Partygäste fläzte sich
auf der Couch und sah dem ehemaligen Navy-Mitglied zu,
wie es das tausendste Bild von Büschen, Ästen und einem
Wasserfall vor einer Waldkulisse lediglich mit Hilfe eines
Spachtels und sechs Farben malte.

Während Bob auf den 80 Zentimetern Diagonale seiner
heilen Fernsehwelt gerade dabei war, Preußischblau mit
ein wenig Titanweiß und Van-Dyck-Braun auf seiner Farb-
palette zu vermischen, mischte Inge an der Theke Blue
Curaçao mit Orangensaft, Maracujasaft und Sekt zu einer
Grünen Witwe zusammen. Inge hatte Kölsch und Cock-

tails quasi mit der Muttermilch aufgesogen, weil sie früher sehr häufig in diversen Kölner Bars und Kneipen ihres Vaters ausgeholfen hatte. Dieser Umstand war wohl auch der Grund dafür, dass sie ein perfektes Pils zapfen konnte, bevor sie die Stützräder an ihrem Fahrrad abmontierte. Selbst angetrunken war Inge noch immer ein wandelndes Lexikon, wenn es darum ging, Alkohol mit Säften, Eis und der ein oder anderen artistischen Einlage in exotisch klingende und farbenfrohe Cocktails zu verwandeln. Dank des fleißigen Tankstellenbetreibers am Ende der Straße und der Vielzahl der unerwarteten Gäste, die von dort ihre kleinen Gastgeschenke mitgebracht hatten, war die Spirituosenauswahl unserer Party im Laufe des Abends auf ein beachtliches Maß angewachsen und hätte den meisten Kneipen im Stadtteil locker Konkurrenz machen können. Von der Grünen Witwe über den Long Island Iced Tea, den Zombie, den Sex on the Beach, der Piña Colada bis hin zum White Russian war alles dabei, was das partywillige Alkoholikerherz begehrt. Yuri und Tom, die nach unserer Schlacht noch eine kleine Runde durchs Haus gemacht hatten, waren die Letzten, die sich zu uns an die Bar gesellten, wo ein schmächtiger, weiblich wirkender Kerl namens John mit dunklen, mittellangen Haaren und einem weißen Hemd, das an ihm fast wie ein Kittel wirkte, seit gut einer Viertelstunde verzweifelt versuchte, bei Inge einen Appletini zu bestellen. Mattes, der gerade an seinem vierten Royal English Mint nippte und nach wie vor vollkommen nüchtern wirkte, begrüßte Yuri und Tom überschwänglich, indem er aufsprang, salutierte und den beiden ein »Gelungenes Manöver, Genossen!« entgegenschrie.

Yuri, der ebenfalls plötzlich Haltung angenommen hatte, dabei aber schon merklich schwankte, entgegnete mit stark übertriebenem russischen Akzent: »Da wird es sich der imperialistische Klassenfeind demnächst wohl zweimal überlegen, uns anzugreifen. Dieser Präventivschlag war notwendig … Und die einzig richtige Entscheidung, General Mattes!« Tom, der trotz seines schiefen Lächelns schon etwas fahl im Gesicht wirkte, fügte leicht lallend und auf seinem Zigarrenstummel kauend ein genuscheltes »Isch lebbe es, wänn n Plan funzionierd« hinzu, bevor er nach vorn Richtung Theke kippte. Mattes fing ihn auf und verfrachtete ihn in einen der Sessel neben der Theke. Obwohl Tom, wie viele seiner Kollegen im Laufe ihrer beruflichen Karriere, einen gewissen Hang zu Wein und Whisky entwickelt hatte, vertrug der Schöpfer unseres Lieblingstrinkspiels einfach keinen harten Alkohol mehr. Noch während seines Studiums hatte er Mattes und mich regelmäßig beim »Holy Drinking« unter den Tisch gesoffen. Holy Drinking war eine von Tom abgewandelte Form des weitverbreiteten Schlumpf- oder auch James-Bond-Trinkens, bei dem von allen Mitspielern ein Schnaps getrunken werden muss, wenn in einem Film oder einer Serie ein vorher festgelegter Begriff fällt.

Die Basis fürs Holy Drinking bildeten in unserem Fall kein Film und keine Serie, sondern die Übertragung der Predigten von fundamentalistischen Christen aus den USA. Vor Beginn des Spiels wurden die Rollen verteilt: Tom war Gott, Mattes Jesus, und ich übernahm den Heiligen Geist. Es musste jeder stets dann trinken, wenn sein Rollenname fiel. Würde er während der Predigt gebrüllt, dann waren zwei Kurze fällig, und bei einem anschließenden »Amen« der Gemeinde waren es sogar drei Kurze. Wer jetzt glaubt, dass man beim Holy Drinking besser davonkommt als beim Schlumpf- oder James-Bond-Trinken, der sollte sich eine halbe Stunde lang Bibel TV geben und eine der drei Rollen übernehmen. Meistens waren Mattes und ich nach spätestens zwanzig Minuten raus, während Tom fast immer noch ein paar Minuten länger durchhielt. Nachdem der ehemals trinkfeste, immer noch leicht pummelige Lehramtsstudent im letzten Jahr aber für seine Verbeamtung mit Hilfe von ausreichend Sport und einer strengen Diät fast zwanzig Kilo abgenommen hatte, war von seiner fast schon legendären Kondition nicht mehr viel übrig. Da Inge sich aufgrund langjähriger Kneipenerfahrung vehement weigerte, ihm ein weiteres Bier zu reichen oder einen Cocktail zu mixen, blieb Tom nichts anderes übrig, als mit einem Virgin Daiquiri ein weiteres Mal auf unseren glorreichen, wenn auch schmutzigen Sieg anzustoßen.

Ob nun mit oder ohne Alkohol, eine Sache, die alle Cocktails gemeinsam haben, ist – neben einem meist hohen Zuckergehalt – ihr durchaus ansehnliches Äußeres. Vor allem die Farbgebung einiger Cocktails ist physikalisch wirklich hochinteressant.

Fangen wir mit einem leichten Beispiel an, das uns wieder zu meiner Oma auf den Friedhof bringt. Als ich euch zu Beginn des Buches erzählte, wie ich als kleiner Junge dank des billigen Designs der Grablampe meiner Oma meine Faszination für die Physik entdeckte, erwähnte ich auch einiges über die Eigenschaften von Licht. Licht, das wir mit unseren Augen als weißes Licht wahrnehmen, ist in Wirklichkeit gar nicht weiß, sondern eine Überlagerung aller Farben des Regenbogens. Genaugenommen ist es aber nicht einmal notwendig, alle Farben des Regenbogens zu benutzen, um unserem Auge den Eindruck von Weiß zu vermitteln. Wie erwähnt, reicht dafür schon die richtige Kombination von rotem, grünem und blauem Licht, weil wir nur drei unterschiedliche Arten von Farbrezeptoren in unseren Augen besitzen.

Die Absorptionsmaxima dieser Rezeptoren, also die Wellenlängen, bei denen sie besonders stark gereizt werden, liegen genau bei 455 nm (blau), 535 nm (grün) und 570 nm (rot). Liegt die Wellenlänge des Lichts, das wir sehen, irgendwo dazwischen, also genau neben den Absorptionsmaxima zweier Rezeptoren, werden beide ein wenig gereizt, und es entsteht eine Überlagerung. Alle Farben, die wir wahrnehmen können, ergeben sich also aus überlagerten Reizen dieser drei Rezeptoren.

Bunt, bunt, bunt sind alle meine Cocktails

Schauen wir uns die Farbmischungen der Cocktails genauer an. Unserer bisherigen Theorie nach müsste die Vermischung von roter, grüner und blauer Farbe Weiß ergeben, da alle Rezeptoren in unserem Auge in etwa gleich stark gereizt werden. Nun weiß aber jeder Amateurbarkeeper, dass wir keinen weißen Cocktail erhalten, wenn wir Grenadine, Waldmeisterschnaps und Blue Curaçao mischen, sondern eine wahrscheinlich ungenießbare braune Brühe. Genau diese Erfahrung hat jeder von uns mit großer Sicherheit schon mit wenigen Jahren im Kindergarten gemacht, zugegeben, vielleicht nicht mit Alkohol, aber mit Wasserfarben. Der Grund hierfür liegt in der schon erwähnten Art der Farbmischung. Man unterscheidet bei der Mischung von Farben prinzipiell zwischen zwei Arten, nämlich der additiven und der subtraktiven Farbmischung.

Wenn man verschiedene Farben Licht, also unterschiedliche Lampen, auf ein und denselben Punkt strahlen lässt, dann handelt es sich dabei um die sogenannte additive Farbmischung, weil jede Lampe einen Teil des Spektrums abdeckt und sich die einzelnen Farben beziehungsweise Wellenlängen zu einem Gesamtspektrum addieren. Im Falle einer roten, einer grünen und einer blauen Lampe ergibt sich für uns ein weißer Farbeindruck. Manchmal kann man das bei neueren Bühnenscheinwerfern sehr schön beobachten, da diese häufig mit roten, grünen und blauen LEDs ausgestattet sind, die in Summe auf der Bühne dann ein weißes Licht ergeben. Neben ihrer hohen Effizienz haben solche Scheinwerfer einen weiteren Vorteil: Man kann nämlich neben dem weißen Licht noch andere Farben erzeugen, je nachdem, welche LEDs man in Betrieb nimmt. Die additive Farbmischung spielt also immer dann eine Rolle, wenn wir mit verschiedenen Lichtquellen herumspielen, und sie ist verantwortlich dafür, dass wir einen weißen Farbeindruck wahrnehmen können. Abgesehen davon spielt sie in unserem Alltag aber eine weniger große Rolle als die subtraktive Farbmischung.

Die subtraktive Farbmischung ist nämlich dafür verantwortlich, dass wir die Dinge um uns herum als farbig wahrnehmen. Wie der Name es schon vermuten lässt, funktioniert die subtraktive Farbmischung dadurch, dass wir etwas wegnehmen: Das Licht der Sonne besitzt, wie schon am Anfang des Buches erwähnt, in dem für uns sichtbaren Bereich des elektromagnetischen Spektrums ein kontinuierliches Spektrum, das heißt, es enthält alle Wellenlängen und damit alle für uns sichtbaren Farben auf einmal. Trifft dieses Licht auf eine farbige Oberfläche, wird nur ein für diese Farbe typischer Anteil des Lichts reflektiert, und wir nehmen das als die entsprechende Farbe wahr, weil nicht mehr alle Rezeptoren unseres Auges in gleichem Maße gereizt werden. Ein roter Apfel oder eine gelbe Zitrone erscheinen uns zum Beispiel nur rot beziehungsweise gelb, weil die anderen Anteile des »weißen« Lichts von der Oberfläche der entsprechenden Frucht nicht reflektiert, sondern absorbiert werden.

Schauen wir uns das bei der Zitrone etwas genauer an. Die Zitrone erscheint für uns deshalb in einem knalligen Gelb, weil ihre Oberfläche den blauen Anteil des weißen Lichts absorbiert und nur noch den grünen und den roten Anteil reflektiert. Werden in unserem Auge die Rezeptoren für Rot und Grün gereizt, entsteht für uns der Eindruck von Gelb. Dass das wirklich so ist, lässt sich ganz einfach mit einem Experiment überprüfen. Man betrachtet die gelbe Zitrone unter dem Licht einer roten, einer grünen und einer blauen Lichtquelle. Legt man die Zitrone unter die grüne oder rote Lampe, scheint die Zitrone tatsächlich grün beziehungsweise rot zu sein. Legt man sie aber unter die blaue Lampe, erscheint die Zitrone schwarz oder aber sehr dunkelbraun, weil das blaue Licht zum größten Teil von der Oberfläche der Zitrone absorbiert wird.

Welche Farbe ein Gegenstand für uns hat, ist also maßgeblich davon abhängig, welcher Teil des weißen Lichts von seiner Oberfläche absorbiert wird und dadurch nicht mehr in unser Auge gelangen kann. Mit dieser Information im Hinterkopf ist es gar nicht mehr so schwer zu verstehen, warum man als Dreikäsehoch niemals Erfolg dabei hatte, mit allen Farben des Wassermalkastens so etwas wie Weiß zu mischen, und immer auf die kleine Tube Deckweiß angewiesen war, wenn man etwas aufhellen wollte. Die Farben so eines Malkastens entstehen natürlich auch durch subtraktive Farbmischung, da sie nur einen bestimmten Teil des Lichts reflektieren, der auf sie fällt, und – im Gegensatz zu Lichtquellen wie Glühlampen oder LEDs – nicht von sich heraus leuchten. Die gelbe Farbe in unserem Malkasten enthält Pigmente, also winzige Teilchen, die wie die Oberfläche einer Zitrone den blauen Anteil des Lichts absorbieren. Mischen wir jetzt noch ein wenig blaue Farbe hinzu, dann wird von den Pigmenten der blauen Farbe auch noch der Rotanteil des weißen Lichtes absorbiert, und es bleibt nur noch der grüne Anteil über. Je mehr Pigmente wir in unserem Wassermalkasten zusammenmischen, desto mehr des auftreffenden Lichtes wird absorbiert und dementsprechend immer weniger reflektiert. Die resultierende Farbe wird also mit jeder Farbe, die wir hinzufügen, immer dunkler, bis am Ende gar kein Licht mehr von der bemalten Oberfläche reflektiert werden kann.

Das Experiment: Shake it, Baby!

Beim Mischen verschiedenfarbiger Spirituosen passiert genau das: Mit jeder neuen farbigen Flüssigkeit, die wir in unseren Cocktail schütten, wird ein weiterer Teil des Lichts absorbiert und kann nicht mehr in unser Auge gelangen. Genau aus diesem Grund ist es physikalisch nicht möglich, aus verschiedenen farbigen Spirituosen einen weißen Cocktail zu mixen.

Der geneigte Leser, Wochenendalkoholiker und erfahrene Partytrinker könnte an dieser Stelle vehement widersprechen, weiß er doch aus eigener Erfahrung, dass es durchaus weiße Cocktails auf der Basis von Milch oder Anisschnaps wie Raki oder Ouzo gibt, die aus verschiedenen Spirituosen zusammengekippt werden. Genau genommen ist das auch richtig, allerdings ist die Physik, die hinter der weißen Farbe der Milch oder des Anisschnapses steckt, eine andere. Die weiße Farbe der Milch kommt zum Beispiel dadurch zustande, dass das in der Milch enthaltene Fett in winzig kleinen Fetttröpfchen vorliegt, die in der Milch herumschweben und an denen fast das gesamte auftreffende Licht (also alle Wellenlängen) diffus in alle möglichen Richtungen gestreut wird. Als Resultat ist die Milch dann undurchsichtig und erscheint für unser Auge weiß. Man nennt die Streuung von Licht an den winzigen Teilchen in einer Flüssigkeit übrigens den Tyndall-Effekt, benannt nach seinem Entdecker, dem Physiker John Tyndall.

Bei der Mischung von Anisschnaps mit Wasser ist im

Grunde der gleiche Effekt für die weiße Färbung des Getränks verantwortlich. Auch hier wird das Licht an winzigen kleinen Tropfen mehrfach gebrochen und in alle Richtungen gestreut. Die Frage ist: Was sind das für Tropfen, und warum entstehen sie, wenn man Anisschnaps mit Wasser mischt?

Anisschnaps enthält zwar kein Fett wie Milch, aber einen gewissen Anteil an Anisölen, die dem Schnaps seinen lakritzähnlichen Geschmack verleihen. Diese Öle sind sehr gut in Alkohol löslich, aber nur sehr schlecht in Wasser. Wenn wir dem Anisschnaps, also der Mischung aus Alkohol und dem darin gelösten Anisöl, nun Wasser hinzugeben, kann sich das Anisöl nicht mehr in dem verdünnten Alkohol lösen und bildet gleichmäßig verteilt winzige kleine Tropfen, an denen das Licht, ähnlich wie an den Fetttropfen in der Milch, gebrochen wird. Der Grund, warum Anisschnaps bei der Zugabe von Wasser weiß wird, ist also die verringerte Löslichkeit des Anisöls in dem mit Wasser verdünnten Alkohol.

Zusammenfassend kann man also durchaus behaupten, dass es durch Farbmischung *nicht* möglich ist, einen weißen Cocktail zu mischen, es sei denn, man greift in die physikalische Trickkiste und bedient sich des Tyndall-Effekts.

Die Überlebens*un*wichtigkeit der runden Form

Wenn wir gerade schon beim Klugscheißen sind, möchte ich euch noch eine kleine Weisheit auftischen, die ich im dritten Semester von einem meiner Professoren für Theoretische Physik gelernt habe (danke, Herr Prof. Schreckenberg): Menschen sind unglaublich schlecht darin, den Umfang von runden Formen abzuschätzen! Im Nachhinein bereue ich zwar, dass nicht viel mehr aus dieser wahrscheinlich sehr guten Einführungsvorlesung der Theoretischen Physik bei mir hängengeblieben ist, aber das ist doch eine der faszinierendsten und brauchbarsten Informationen, die ich je aus einer Vorlesung mitgenommen habe. Ihr habe ich den einzigen Kasten Bier zu verdanken, den ich bei einer Kneipenwette gewonnen habe.

Das passierte so: Kurz nachdem wir Mattes damals kennengelernt hatten, saßen wir zu dritt, also Tom, Mattes und ich, an einem sonnigen Nachmittag in einem Biergarten am Ende unserer Straße und unterhielten uns darüber, ob man an der Universität überhaupt irgendetwas Praktisches lernt. Ich erzählte Mattes damals auch von der These meines Professors, dass Menschen keine runden Formen abschätzen könnten, und der wettfreudige Engländer wollte mir das Gegenteil beweisen. Ich stellte ihm also ein Weizenbierglas, ein Martiniglas und einen Maßkrug vor die Nase und bat ihn abzuschätzen, bei welchem der drei Gefäße der Umfang am oberen Rand größer ist als die Höhe des Glases, und bei welchem es sich andersherum verhält. Mattes war sich damals sicher, dass lediglich der Umfang des Martiniglases seine Höhe überschreiten würde. Damit hatte er die Wette verloren, und ich war um einen Kasten Hansa-Pils reicher.

Tatsächlich ist das nämlich bei allen drei Gläsern der Fall. Man glaubt es auf den ersten Blick kaum, aber fast jedes Glas erfüllt dieses Kriterium. Sowohl bei einem Weizenbierglas als auch bei einem Maßkrug überschreitet der Umfang am oberen Rand des Glases seine Höhe um mindestens einen Zentimeter, selbst bei manchen Sektflöten ist das der Fall.

Eine mögliche Erklärung dafür, dass Menschen im Allgemeinen gut darin sind, Entfernungen abzuschätzen, aber bei Umfängen vollkommen versagen, könnte lauten, dass es früher als Jäger und Sammler relativ unwichtig war, einen Umfang einschätzen zu können, während die Abschätzung einer Entfernung überlebenswichtig sein konnte, wenn es darum ging, etwas zu essen auf den Teller zu bekommen oder als Essen auf dem Teller von jemand anderem zu landen …

Wenn ihr das nächste Mal in einem Biergarten oder einer Bar sitzt, dann messt das Verhältnis von Umfang und Höhe eures Glases einmal mit einem Faden oder einer Serviette nach. Habt ihr beides gerade nicht zur Hand, reicht meist auch genau diese Hand als Maßstab: Während ihr es bei den meisten Gläsern nicht schaffen werdet, eure Hand geschlossen um die Öffnung zu legen, reicht eine Handspanne oft locker aus, um die Höhe des Glases deutlich zu überschreiten. Aber genug von Cocktailfarben und Gläserformen, zurück zum Höhepunkt unserer Silvesterparty!

Nach einer kurzen Verschnaufpause auf seinem unfreiwilligen Rastplatz, hatte Tom sich wieder erhoben, stützte sich leicht schwankend auf die Theke neben seinen alkoholfreien Cocktail und kramte in seiner Hosentasche nach einer weiteren Zigarre. Die größte Schlacht für diesen

Abend hatten wir hinter uns, und das neue Jahr konnte friedlich beginnen … Das dachten wir zu diesem Zeitpunkt noch, als wir unsere Gläser ein weiteres Mal erhoben, um auf das gelungene Manöver in der letzten ruhmreichen Schlacht der Kölner Straße anzustoßen. In dem Moment, als sich unsere Gläser trafen, kündigte ein lautes Knacken an, wie falsch wir mit dieser Einschätzung gelegen hatten. Zuerst meinte ich, eines der Gläser sei beim Anstoßen zerbrochen, aber als kurz nach dem ersten noch ein zweites Knacken folgte, stutzte ich. Das nachfolgende tiefe Brummen, das das ganze Haus erfüllte, und die flackernden Straßenlaternen zerstreuten noch den letzten Zweifel. Als mit einem lauten Rattern schließlich auch noch der Dieselgenerator, der seit heute Nachmittag in unserem Garten stand, anlief, erinnerte ich mich plötzlich wieder an die vielen schwarzen Kisten und die kilometerlangen Kabel, die Ivan und seine Kollegen unter Yuris wohlwollenden Blicken auf unseren Dachboden geschafft und durch unseren Hausflur verlegt hatten. Während wir uns noch fragten, was das alles zu bedeuten hatte, griff Yuri freudestrahlend wie ein kleiner Junge, der zum ersten Mal Schokolade isst, unter unsere Couch, zog seinen Instrumentenkoffer hervor und stürmte aus der Wohnung die Treppe hinauf.

Einschließlich mir hatten erst alle Yuri hinterher und dann gespannt Inge angestarrt, die hinter der Theke auch nur mit den Schultern zuckte und verlegen sagte: »Er und Ivan wollten euch zum neuen Jahr ein kleines Ständchen spielen … Dafür hat Yuri extra seine Klarinette eingepackt.«

Während mehrerer abendlicher Runden vor der PlayStation mit »Guitar Hero« und »SingStar« hatte Yuri uns schon häufiger erzählt, dass er früher eine klassische musikalische Ausbildung von seinem Vater erhalten hatte. Schließlich gehörte sich das so, wenn man, wenn auch sehr weit entfernt, von der russischen Zarenfamilie abstammte. Anscheinend war auch an dieser Geschichte ein Funken Wahrheit dran.

Nach kurzem Zögern folgten wir Yuri geschlossen in die oberen Etagen unseres Mehrfamilienmietshauses. Vorbei an dem Toilettenspülkasten in der zweiten Etage, der mit mehreren Metern PVC-Rohr, diversen Schläuchen und einer undefinierbaren Menge Gaffa Tape in Form einer überdimensionalen Bierbong mit dem Erdgeschoss verbunden war. Wir passierten das Gebilde genau in dem Moment, als ein Mensch mit Halbglatze und grün gefärbten Haaren die letzte Dose einer Palette Hansa in den Spülkasten kippte und auf ein lautes »Spülen!!!!« aus dem Erdgeschoss unter Beifall der umstehenden Nerds den Spülhebel betätigte. In der Arbeitswelt nennt man das, glaube ich, Synergie, wenn Gruppen unterschiedlichster Fähigkeiten aufeinandertreffen und sich völlig neue, ungeahnte Möglichkeiten daraus ergeben …

Je näher wir dem Dachboden kamen, umso mehr Kabel liefen zu einem großen Strang zusammen und umso mehr Leute tummelten sich auf den Treppen. In der obersten Etage bekamen wir das komplette Ausmaß von Yuris Neujahrsständchen zu sehen. Wo vor zwei Tagen noch eine alte Couch, ein kleiner Tisch und eine Wäschespinne gestanden hatten, erhob sich an diesem Abend eine massive Mauer aus Boxen und Verstärkern neben einer Bühne, die trotz ihrer Kompaktheit selbst in Wacken Eindruck gemacht hätte. In der Mitte des Raumes hingen neben einer einsamen, sich langsam drehenden Diskokugel, die ihren Namen wegen der vielen fehlenden Spiegel kaum noch verdiente, ebenfalls mehrere Boxen von den Dachbalken herab und gaben ein dumpfes Brummen von sich. Neben dem Mischpult im hinteren Bereich des Dachbodens standen mehrere Effektleuchten und Laser, die die erstaunlich große, gutgelaunte Menschenmasse in ein buntes Farbenmeer tauchten. Ob der Rauch, durch den die Lasershow erst richtig ihre Wirkung entfaltete, damals geplant von einer Nebelmaschine oder ungeplant von durchgebrannter Elektronik und den Kiffern rechts hinten in der Shisha-Ecke stammte, kann ich nicht mehr sagen. Wäre mir nach dem Surstömming-Zwischenfall nicht alles egal gewesen, hätte ich mir zu diesem Zeitpunkt wahrscheinlich Sorgen um so etwas wie Brandschutz oder Lärmbelästigung gemacht. Doch abgestumpft, da angetrunken, freute ich mich auf das anstehende Konzert.

Galavorstellung – Ideales Glas

Dachboden: 03.14 Uhr

Genau um 3.14 Uhr war es dann so weit: Nach drei kurzen Taktschlägen von aufeinandertreffenden Drumsticks, die sich irgendwo hinter einer Doublebase und einem Berg aus Trommeln trafen, brach die Hölle los! Am Anfang klang es wie ein einziger lauter Knall, der einfach nicht abklingen wollte. Doch nach und nach hörte man einzelne Instrumente heraus. Yuri begleitete Ivans Gegröle mit seiner elektrisch verzerrten Klarinette, während beide oberkörperfrei wie wild über die Bühne rannten und das Publikum zum Hüpfen animierten. Was Ivan, Yuri und ihre Kollegen da auf unserem Dachboden zum Besten gaben, war wirklich eine gelungene Mischung aus Punk, Hardcore mit einem Hauch russischer Volksmusik und Texten, die mindestens die Hälfte des anwesenden Publikums lautstark mitbrüllte. Die »Kotzenden Kaninchen« machten ihrem Namen wirklich alle Ehre und wurden von ihrem Publikum nach jedem

Song mit lautem Jubel und »Рвет кролика«-Rufen gefeiert. Bei den Auftaktakkorden von Lied Nummer vier, in dem es wohl darum ging, wie Yuri vor vielen Jahren seine Unschuld an seine damalige Sportlehrerin verlor, entdeckte ich Mattes wieder, den ich beim ersten Song irgendwo in der pulsierenden Menschenmenge aus den Augen verloren hatte. Er war gerade dabei, auf einen der beiden Boxentürme neben der Bühne zu klettern, um sich ins Publikum zu stürzen, als auch Tom ihn entdeckte und mir freudig »In den nächsten Tagen gibt's wieder Kuchen« ins Ohr brüllte. Pünktlich wie Big Ben im Elizabeth Tower zur Mittagsstunde hatte auch Mattes' innere Uhr zur Sperrstunde geläutet, und unser bisher eigentlich recht nüchtern wirkender britischer Freund stürzte sich, plötzlich von der einen auf die andere Sekunde sturzbetrunken, in einen sich gerade bildenden Moshpit in der Mitte der Menschenmenge.

Das geordnete Chaos des Heavy Metal

Für diejenigen von euch, die mit dem Begriff Moshpit nichts anfangen können, definiert das Merriam-Webster-Dictionary den Begriff folgendermaßen:

mosh pit (noun);
»*… an area in front of a stage where very physical and rough dancing takes place at a rock concert*«

Frei übersetzt heißt das so viel wie:

*»… auf einem Rockkonzert der Bereich vor der Bühne,
wo sehr körperbetont und hart getanzt wird.«*

Einfacher und ehrlicher: Das Ganze hat wenig mit Tanzen zu tun, sondern eher damit, seinen Gefühlen mit einem meist nicht vorhandenen Rhythmusgefühl und allen zur Verfügung stehenden Körperteilen, mit einem Minimum an Rücksicht und verschwindend geringer Selbstachtung gegenüber der Unversehrtheit des eigenen Körpers Ausdruck zu verleihen. Man rennt so lange zu möglichst lauter und schneller Musik in eine Richtung, bis man gegen ein Hindernis stößt und freiwillig oder unfreiwillig seine Richtung ändert. Für Außenstehende mag das bescheuert klingen, aber nach dem ein oder anderen Bier und zur passenden Musik kann das eine Menge Spaß machen. Die blauen Flecken spürt man ja erst am nächsten Tag … Auch wenn ein Moshpit häufig recht chaotisch abläuft, so ist er doch meist nur halb so schlimm, wie man im ersten Augenblick glaubt. Selbst bei noch so rauen und harten Konzerten achtet eigentlich jeder ein wenig auf seinen Nebenmann, und ernsthafte Verletzungen kommen daher selten vor. Auf großen Konzerten kann es spontan sogar zu einer Art Schwarmverhalten kommen, das kollektive, relativ geordnete Bewegungen in einem Moshpit entstehen lässt. Spätestens hier wird es auch für den Naturwissenschaftler interessant, denn all diese Eigenschaften kommen dem geneigten Physiker aus dem Grundstudium verdammt bekannt vor. Es verwundert mich also nicht besonders, dass sich 2013 ein paar Physiker von der Cornell-Universität in den USA das Verhalten von Menschen in Moshpits auf einer wissenschaftlich physikalisch-sachlichen Grundlage etwas genauer angesehen haben. Herausgekommen ist dabei das wundervolle Paper mit dem Titel *Collective Motion of Humans in Mosh and Circle Pits at Heavy Metal Concerts*, das in dem renommierten Fachmagazin *Physical Review Letters* erschienen ist.[*]

Die Forscher haben in dieser Studie mehrere YouTube-Videos von Heavy-Metal-Konzerten analysiert, Kamerawinkel und Wackler korrigiert, um aus dem Bildmaterial die Geschwindigkeiten der einzelnen Teilnehmer zu ermitteln. Anschließend versuchten sie, das Verhalten der Menschen in den Moshpits mit einfachen Modellen der Thermodynamik zu simulieren und zu beschreiben.

Eine bei Physikern sehr beliebte, weil sehr stark vereinfachte, aber auch sehr effektive Modellvorstellung im Bereich der Thermodynamik ist das Modell eines idealen Gases. Bei diesem geht man einfach davon aus, dass ein Gas aus vielen gleichartigen Teilchen ohne nennenswerte Ausdehnung besteht, die wild verteilt in alle Richtungen flitzen. Die einzigen möglichen Wechselwirkungen sind harte elastische Stöße untereinander oder gegen eine Wand des begrenzenden Raumes. Man kann sich ein gasgefülltes Volumen also als einen großen Raum vorstellen, in dem Hunderte von Tischtennisbällen schwerelos wie wild durch die Gegend fliegen und nur gegeneinander oder gegen die Wände beziehungsweise gegen Boden und Decke prallen.

---

[*] Collective Motion of Humans in Mosh and Circle Pits at Heavy Metal Concerts; Jesse L. Silverberg, Matthew Bierbaum, James P. Sethna, Itai Cohen; Phys. Rev. Lett. Vol. 110, 228701, 2013.

Mit dieser physikalisch stark vereinfachten und genau genommen natürlich nicht ganz richtigen, aber durchaus nützlichen Vorstellung eines Gases kann man schon eine ganze Menge physikalischer Größen aus der Thermodynamik anschaulich und einfach erklären. Die Temperatur eines Gases ist in diesem Modell zum Beispiel die *mittlere* Geschwindigkeit aller Teilchen (ein paar sind sehr schnell und ein paar sehr langsam), und der Druck des Gases ist der auf eine Fläche, zum Beispiel eine der Wände, übertragene Impuls in einer bestimmten Zeit. Steigt jetzt die Temperatur des Gases, dann steigt auch die mittlere Geschwindigkeit der Gasteilchen. Bei gleichbleibendem Volumen steigt damit auch die Anzahl der Teilchen, die in einer bestimmten Zeit auf eine der Wände einprasseln, und damit erhöht sich der Druck.

Die Teilchen im kalten Gas links bewegen sich im Mittel nur langsam, während die Teilchen im heißen Gas sich im Mittel sehr schnell bewegen.

Für viele der Zusammenhänge, die sich aus dem Modell des idealen Gases ergeben, haben wir fast so etwas wie ein Bauchgefühl, weil wir ihnen in unserem Alltag ständig ausgesetzt sind. Die meisten von uns stimmen zum Beispiel sicher zu, dass es eine verdammt schlechte Idee wäre, eine Konservendose, die ein abgeschlossenes Volumen darstellt, auf einem Campingkocher zu erwärmen, ohne diese vorher mit einem Dosenöffner zu öffnen. Sowohl die Modellvorstellung des Inhalts der Dose als ideales Gas als auch der gesunde Menschenverstand sagt uns, dass der Druck in der Konservendose beim Erhitzen stark steigen und uns die Dose irgendwann lautstark um die Ohren fliegen würde. Zugegeben, der Inhalt der meisten Konservendosen kann nur in den seltensten Fällen als ideales Gas angenähert werden, aber der physikalische Zusammenhang von Volumen, Druck und Temperatur wird auch hier deutlich.

Dieses unglaublich simple Modell von winzigen Kügelchen, die je nach Temperatur schneller oder langsamer wild verteilt durch den Raum fliegen, ermöglicht es uns also, ohne viel Mathematik beziehungsweise mit sehr einfacher Mathematik ein physikalisch sehr komplexes System wie ein Gas für die meisten Fälle ausreichend zu beschreiben.

Wie euch mittlerweile wahrscheinlich aufgefallen ist, passt das Modell von Kügelchen, die sich wahllos mit unterschiedlichen Geschwindigkeiten in alle Richtungen bewegen und nur mit anderen Kügelchen zusammen- oder an die Wände stoßen, tatsächlich wie die Faust aufs Auge zu unserem Moshpit beim Konzert.

Nachdem die Physiker der Cornell-Universität die Videos der Konzerte bezüglich der Geschwindigkeitsverteilung der einzelnen Konzertbesucher analysiert hatten, bastelten sie aus den gewonnenen Daten auf Grundlage des

Modells eines idealen Gases eine entsprechende Computersimulation mit virtuellen Moshern und schauten sich an, ob sich das System »Moshpit« ebenfalls durch ein so stark vereinfachtes Modell mathematisch beschreiben lässt. Für ihre Simulation sind die Forscher von zwei grundlegenden Arten von Konzertbesuchern ausgegangen: die einen, die tatsächlich so lange in eine Richtung laufen, bis sie gegen einen anderen Besucher stoßen und dann die Richtung ändern, und die anderen, die eigentlich an ihrem Ort stehen bleiben wollen, wenn sie nicht gerade von einem anderen Konzertbesucher gestoßen werden. Von diesen virtuellen Moshern wurden dann, entsprechend den durchschnittlichen Verhältnissen bei einem Heavy-Metal-Konzert, 150 aktive und 350 passive in einen zweidimensionalen Raum beziehungsweise in ein Quadrat gesetzt und sich selbst überlassen. Das erstaunliche Ergebnis war, dass die Simulation mit diesen einfachen Annahmen wirklich ausreichte, um das Verhalten der Konzertbesucher ausreichend abzubilden. Genau wie auf realen Heavy-Metal-Konzerten kam es auch in der Simulation nach ausreichender Zeit zu einer Separation der aktiven und der passiven Konzertbesucher, wobei die aktiven Teilnehmer in einem Kreis in der Mitte des Raumes von den passiven Teilnehmern eingekesselt wurden.

Das Modell ermöglichte neben der Abbildung eines gewöhnlichen Moshpits sogar noch die Beschreibung eines weiteren Phänomens, das man von meist größeren Metal-oder Hardcore-Konzerten kennt. Drehten die Wissenschaftler ein wenig an den Parametern der Gleichungen, die das Maß für das kollektive Verhalten beschreiben, also wie sehr sich der einzelne Konzertbesucher mit seinem eigenen Verhalten an dem seiner direkten Nachbarn orientiert, dann verwandelte sich der ursprünglich chaotische Moshpit in eine geordnete, strudelartige Struktur, den sogenannten Circlepit. 95 % der Circlepits, die die Forscher analysiert haben, drehen sich übrigens entgegen dem Uhrzeigersinn, und nur 5 % im Uhrzeigersinn. Warum das so ist, ist noch nicht ausreichend untersucht, man geht aber davon aus, dass auch in unserer Gesellschaft eine große Mehrheit zur Rechtshändigkeit bzw. Rechtsfüßigkeit neigt und so die eine Bewegungsrichtung bevorzugt wird.

Ob es sich auf dem Dachboden um einen Mosh- oder Circlepit handelte, in den sich Mattes kopfüber stürzte, konnte ich von meinem Platz weiter hinten nicht eindeutig ausmachen. Doch egal, in welcher Form des körperbetonten Tanzens er landete, die dichten Hände des Publikums waren viel zu sehr damit beschäftigt, den Gefühlen ihrer Eigentümer im Takt der Musik Ausdruck zu verleihen, als dass irgendeine davon Mattes hätte auffangen können.

Jeder, der schon einmal in einem ordentlichen Moshpit unterwegs gewesen ist, weiß, dass es für das körperliche Wohlbefinden nach dem Konzert unerheblich ist, ob man sich langsam in den Moshpit hineinbewegt oder kopfüber von einer Box neben der Bühne hineinstürzt. Das Ergebnis (die Anzahl an blauen Flecken) bleibt das gleiche.

Das Konzert der »Kotzenden Kaninchen« in ihrer Ursprungsbesetzung mit Yuri war definitiv der Höhepunkt unserer Silvesterparty, und wie es immer so schön heißt, soll man aufhören, wenn es am schönsten ist.

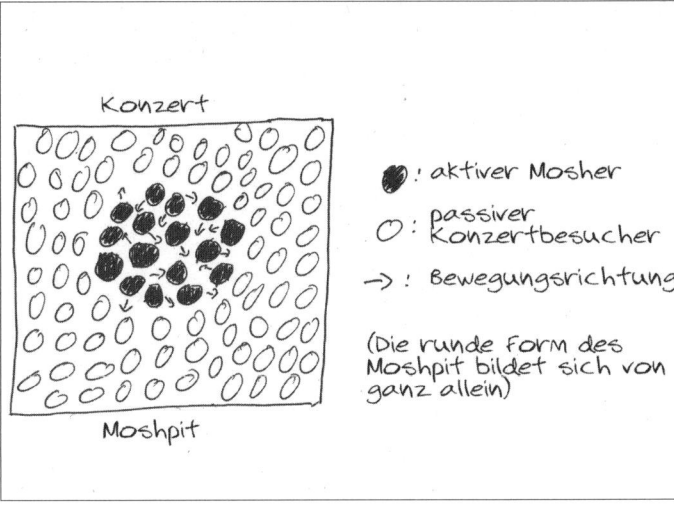

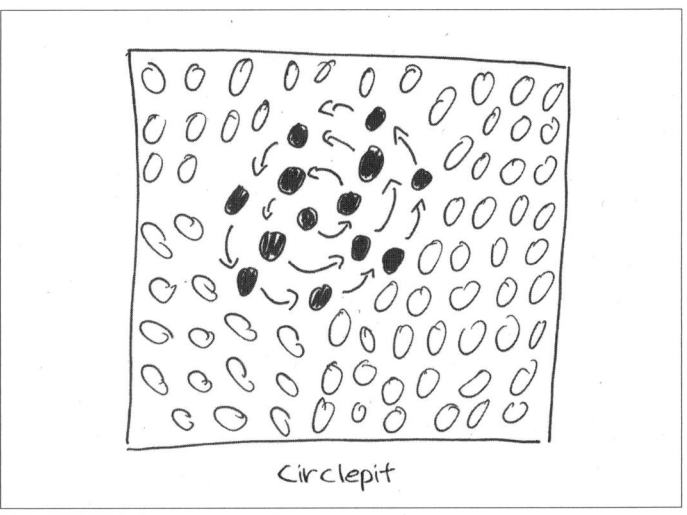

Abhängig von den Parametern der Simulation konnten die Forscher sowohl die Separation aktiver und passiver Mosher als auch die Bildung eines Circlepits erklären.

Genau das fand wohl auch die Polizei, die ziemlich genau 66 Minuten nach den ersten drei Taktschlägen des Drummers unser Konzert mit Nachdruck für beendet erklärte. Auch Ivans selbstverständliche Nachfrage, welchem der Polizisten er denn jetzt das Geld und den Wodka geben müsse, damit sie noch ein wenig weiterspielen dürften, hob die Laune der durch die Silvesternacht ohnehin entnervten Beamten nicht an.

Aus welchem Grund *genau* unsere zugegeben leicht aus dem Ruder gelaufene Party in den frühen Morgenstunden gegen halb fünf dann von der Staatsgewalt beendet wurde, lässt sich im Nachhinein nicht mehr sagen. Sucht euch was aus: entweder schlicht und einfach Ruhestörung, die Erregung öffentlichen Ärgernisses mit vergammelten Fischkonserven oder die drei Dachziegel, die sich durch den enormen Schalldruck einer rhythmischen Doublebase von unserem Dach gelöst hatten und auf die Autos unserer Nachbarn gekracht waren. Was es auch war, mit dem unfreiwilligen Ende des Konzertes endete an diesem Abend jedenfalls auch die wohl legendärste Silvesterparty unseres Stadtteils. In der Kölner Straße 13a kehrte langsam Ruhe ein.

Willkommen im Leben nach dem Tode – Hot Chocolate Effect

WG-Küche: 11.30 Uhr am nächsten Morgen

Das Erste, was ich im neuen Jahr sah, als ich nach einer viel zu kurzen Nacht die Augen aufschlug, war schwarz und flauschig und roch nach Katzenklo. Der Kater platzierte sein Hinterteil zielsicher jeden Morgen in einem unserer Gesichter, bevor er seine Krallen wie spitze Dolche mehrfach in den Brustkorb des jeweiligen Dosenöffners stach, um dezent darauf aufmerksam zu machen, dass es jetzt Zeit für Futter war. Heute war ich der Auserwählte. Ich gab also trotz leichter Kopfschmerzen dem kleinen Quälgeist nach, raffte mich auf und folgte ihm widerwillig zu seinem Futternapf in die Küche.

Nüchtern und bei Tageslicht betrachtet, hatte die Party eindeutig mehr Spuren hinterlassen, als ich in der Nacht zuvor im nebligen Zwielicht und dem Schleier von min-

destens 1,8 Promille wahrgenommen hatte. Im Eingangs-
bereich unserer Wohnung war anscheinend irgendjemand
oder -*etwas* in eine Schale mit Currywurst oder Ketchup
getreten. Eine rote Spur aus Fußabdrücken und undefinierbaren Schleifspuren führte wie in einem schlechten
Splatterfilm aus den 90ern in einer leichten Kurve durch
den Flur und endete abrupt vor Toms geschlossener Zim-
mertür. Abgesehen davon bedeckte ein grauer, klebriger
Schleier, der sich aus verschüttetem Bier, Likör, Schnaps
und Asche zusammensetzte, den gesamten Dielenboden.
Überall standen halbleere Flaschen und Dosen herum, die
teilweise als Aschenbecher missbraucht worden waren.
Und so roch es auch: nach kaltem Rauch, Bier und Er-
brochenem. Leere Chipstüten, Pizzareste, Konfetti und ein
großer Rotweinfleck direkt neben der Eingangstür vervoll-
ständigten das Bild. In unserer Männer-WG ging es immer
ein wenig chaotisch zu, aber dieser Morgen war selbst für
unsere Verhältnisse ein klein wenig zu viel.

Als ich die Tür zur Küche öffnete, stieß ich eine kunst-
voll aufgeschichtete Pyramide aus halbvollen Bierdosen
um und weckte dadurch Tom, der unter Pizzakartons be-
graben auf der Couch vor sich hin schnarchte. Tom hatte
nie einen Kater und genau wie an allen anderen Post-Party-
Morgen hassten wir ihn dafür.

Wir verfrachteten gerade ein paar Bierdosen und Pizzakartons vom Herd in einen großen Müllsack, um meine
Bialetti sehnsüchtig in Betrieb zu nehmen, als Toms Zim-
mertür sich öffnete und Yuri und Inge mit halb zugekniffenen Augen in die Küche geschlurft kamen. Zu mehr als
einem gekrächzten »Morgen, ist Kaffee da?« war Inge nicht

fähig, bevor sie sich mit Yuri zusammen auf die Couch fallen ließ.

Tom nutzte die Gelegenheit, um in seinem Zimmer zu verschwinden und kurze Zeit später gutgelaunt mit einem Teekessel und ein paar Dosen im Arm zurück in die Küche zu kommen, wo er alles lautstark polternd neben den Herd auf die Theke stellte. Anschließend machte er zwei große Schritte zum Fenster und schob mit einem ekelhaft fröhlichen »Begrüßen wir das neue Jahr und danken dem Herrn!« schwungvoll die schweren Vorhänge zur Seite. Die bis zu diesem Zeitpunkt noch einer Opiumhöhle des 19. Jahrhunderts gleichende Küche wurde schlagartig von hellem Sonnenlicht durchflutet. Die plötzlich und ohne Vorwarnung hereinströmende Helligkeit quittierten die übrigen Anwesenden mit schmerzverzerrten Gesichtern. Nachdem meine Augen sich an das grelle Licht gewöhnt hatten und der stechende Schmerz in meinem Kopf nachgelassen hatte, konnte ich gerade noch sehen, wie Yuri die wutentbrannte Inge auf dem Sofa festhielt: Vor sich hin singend, begann Tom, über die verschiedenen Anbaugebiete seines Grünen Tees zu dozieren, während er seinen kleinen Teekessel mit Wasser füllte. Es kam selten vor, dass Inge einen Kater hatte, aber wenn, dann war man gut beraten, der großgewachsenen Kölnerin nicht auf die Nerven zu gehen. Tom hatte in dieser Beziehung ein leichtes empathisches Defizit. Für ihn war es vollkommen unverständlich, dass man nach einer durchzechten Nacht mit einem Schädel wie ein Rathaus aufwachen könnte, und so reagierte er auch vollkommen perplex, als Inge ihm aus Mangel an physischer Reichweite mit hochrotem Kopf alles an

Schimpfwörtern entgegenwarf, was eine Rheinländerin von einer feinen Dame unterschied. Unmittelbar nach den Flüchen vernahmen wir ein dumpfes Rumpeln, gefolgt von leisem Plätschern aus dem Badezimmer. Mattes hatte den Weg in seine eigene Wohnung nicht mehr gefunden und stattdessen in unserer Badewanne gepennt. Er hielt sich die Rippen auf der linken Seite, humpelte, und ein Abdruck des Badewannenstöpsels zeichnete sich auf seiner linken Wange ab, als er ebenfalls mit zusammengekniffenen Augen die Küche betrat. »Gaffé …«, grummelnd, fiel er neben Yuri, mit dem Gesicht voran, auf die Couch.

Gott, gaben wir einen elenden Haufen ab! Während ich meine Espressokanne noch im Halbschlaf zerlegte und von den Resten des Vortags befreite, kümmerte Yuri sich darum, etwas Milch aufzuschäumen, Tom fütterte den Kater, und Inge ließ ihre überschüssige Aggression an der Kurbel unserer alten, manchmal hakenden Kaffeemühle aus. Wenige Minuten später saßen vier elendige Gestalten mit Augenringen und jeweils einem heißen Cappuccino (wir hatten gewisse Prinzipien) auf der Couch und beobachteten missmutig den vollgefressenen Kater, der es sich auf Toms Schoß gemütlich gemacht hatte.

Das Experiment: die Kakao-Tonleiter

Inge tippte gedankenverloren mit dem Löffel auf den Boden in ihrer großen Kaffeetasse und beobachtete missmutig das schnurrende Pelzknäuel. Der Ton des aufschlagenden Löffels in ihrer Tasse wurde scheinbar immer höher, bis sie ihren Kaffee umrührte – und die Tonleiter von neuem begann. Dieser Effekt ist euch vielleicht auch schon einmal aufgefallen, wenn ihr Kakaopulver in heiße Milch rührt oder einfach nur euren schaumigen Milchkaffee umrührt, nachdem ihr einen großen Teil des Schaums mit einem Keks vom Kaffee gelöffelt habt. Direkt nach dem Umrühren erzeugt der Löffel, der gegen die Wand der Tasse oder auf ihren Boden schlägt, einen satten tiefen Ton, während der Klang nach und nach ansteigt, solange ihr nicht weiterrührt.

Hierbei handelt es sich nicht um eine Illusion oder eine akustische Täuschung. Die Frequenz des Tons verändert sich tatsächlich mit der Zeit. Dieses seltsame Phänomen, das mir an diesem Morgen zum ersten Mal bewusst auffiel – vermutlich, weil jeder einzelne Schlag schmerzhaft in meinem Kopf widerhallte –, wurde, obwohl schon länger bekannt, erstaunlicherweise erst 1982 vom amerikanischen Physiker Frank Crawford experimentell untersucht und mathematisch in einem einfachen Modell beschrieben. Crawford veröffentlichte seine Ergebnisse in der Fachzeitschrift *American Journal of Physics* in einem recht locker geschriebenen Aufsatz mit dem wundervollen Titel *The Hot Chocolate Effect.*[*] Ihm, oder besser gesagt seiner Freundin Nancy Steiner, war der Effekt zufällig bei der Zubereitung heißer Schokolade in der Weihnachtszeit aufgefallen und ließ den musikaffinen Physiker nicht mehr los.

---

[*] The Hot Chocolate Effect, Frank S. Crawford, American Journal of Physics, Vol. 50, Iss. 5, pp. 398-404, 1982.

Fangen wir von vorne an und versuchen zu verstehen, was Crawford mittels seiner Experimente herausgefunden hat. Dazu müssen wir uns einige grundlegende Gedanken zu Schall und Schallgeschwindigkeit machen.

Die Schallgeschwindigkeit in Luft beträgt bei 20°C in etwa 343 Meter pro Sekunde. Ihr habt als Kind genau wie ich vielleicht auch gelernt, dass man bei einem Gewitter abschätzen kann, wie weit entfernt es ist, wenn man die Sekunden zwischen dem Blitz und dem darauffolgenden Donner zählt. Wenn man davon ausgeht, dass das Licht des Blitzes sofort bei einem ankommt, der Schall in einer Sekunde aber »nur« 343 Meter schafft, ergibt das bei drei Sekunden einen Abstand von 1.029 Metern. Mit einem Kilometer für alle drei Sekunden zwischen Blitz und Donner erhält man also eine verblüffend genaue Schätzung.

Die Schallgeschwindigkeit ist aber nicht immer gleich, sondern sehr stark von dem Medium abhängig, in dem sich der Schall ausbreitet. In Wasser beträgt die Schallgeschwindigkeit bei 20°C zum Beispiel schon 1.484 Meter pro Sekunde und in einem Block Aluminium sogar ungefähr 6.300 Meter pro Sekunde. Woran liegt das?

Schall, wie wir ihn kennen, breitet sich als Longitudinalwelle aus, eine Welle, die aus komprimierten und weniger komprimierten Bereichen besteht, genau wie die Stoßwelle in der Bierflasche aus dem ersten Kapitel. Wie schnell sich so eine Welle in einem bestimmten Medium wie Luft, Wasser, Kaffee, Glas oder Metall ausbreiten kann, ist im Wesentlichen von zwei Materialeigenschaften abhängig: von der Dichte und der Kompressibilität des Materials.

Die Dichte gibt an, wie viel Volumen eine gewisse Masse

des Stoffes einnimmt beziehungsweise welches Gewicht ein gewisses Volumen eines Stoffes hat. Man kennt das vom Umzug: Die Kiste mit den verdammten Büchern ist immer viel schwerer als die Kiste mit den Klamotten oder der Videospielesammlung, obwohl beide Kisten exakt gleich groß sind und das gleiche Volumen einnehmen. Die Bücherkiste hat also eine höhere Dichte als die anderen zwei.

Die Kompressibilität eines Stoffes ist eine Materialeigenschaft, die beschreibt, wie gut sich ein Stoff bei gleichzeitigem Druck von allen Seiten zusammendrücken, also komprimieren lässt und damit seine Dichte erhöht. Richtig gut lassen sich eigentlich nur Gase komprimieren, während Festkörper und Flüssigkeiten im Allgemeinen als so gut wie nicht komprimierbar gelten.

Mit unserem Modell des idealen Gases aus dem letzten Kapitel oder eines Festkörpers wie dem Salzkristall lässt sich recht leicht vorstellen, warum das so ist. Im Gas fliegen die einzelnen Teilchen in relativ großem Abstand einfach nur durch die Gegend, und beim Komprimieren verringert man lediglich diesen Raum, also das Volumen, in dem sich die Teilchen bewegen können. Natürlich muss dafür eine gewisse Kraft aufgewendet werden, denn wenn man das Volumen verkleinert, in dem sich die Teilchen bewegen, die Zahl der umherfliegenden Teilchen aber gleich bleibt, stoßen im Mittel selbstverständlich mehr Teilchen gegen die Wände des Volumens, was einem höheren Druck entsprechen würde.

Ein Festkörper oder eine Flüssigkeit ist hingegen schon so stark komprimiert, dass zwischen den Teilchen quasi gar kein freier Raum mehr zur Verfügung steht, auf den man die Atome zusammenschieben könnte, und man sie daher mit unglaublich viel Kraft aus ihrer festen Struktur drücken müsste.

Fassen wir zusammen: Die Geschwindigkeit, mit der sich Schall in einem Material ausbreiten kann, ist immer von der Kompressibilität und der Dichte des Materials abhängig. Wie genau dieser Zusammenhang zwischen der Kompressibilität, der Dichte und der Schallgeschwindigkeit in Gasen und Flüssigkeiten aussieht, beschreibt folgende kurze Formel:

$$c_{Schall} = \sqrt{\frac{1}{\kappa \cdot \rho}}$$

Hierbei steht κ für die Kompressibilität und ρ für die Dichte des Mediums, in dem sich die Welle ausbreitet.

Um den Effekt der steigenden Tonleiter in unserer beziehungsweise Inges Kaffeetasse leichter zu erklären, führen wir an dieser Stelle, genau wie Crawford in seinem Fachaufsatz, eine Größe ein, die zwar nicht notwendig ist, die Erklärung des Effekts und die Formel oben aber ein wenig vereinfacht. Wir definieren uns die Langsamkeit einer Schallwelle, die einfach nur den Kehrwert und das Quadrat der Geschwindigkeit darstellt, also:

$$S_{Schall} = \frac{1}{c_{Schall}^2} = \kappa \cdot \rho$$

Durch diesen kleinen Trick können wir nun die Langsamkeit einer Schallwelle in einem Medium einfach durch das

Produkt aus der Kompressibilität und der Dichte beschreiben. Das klingt auf den ersten Blick unnötig kompliziert, macht die weiteren Überlegungen aber tatsächlich deutlich einfacher. Wir können an dieser Gleichung nämlich sehr gut sehen, dass, je höher entweder die Dichte oder die Kompressibilität eines Mediums ist, desto langsamer kann sich eine Schallwelle in dem entsprechenden Medium ausbreiten. Auch diese Überlegung ist eigentlich nicht sehr erstaunlich, denn eine höhere Dichte bedeutet ja nichts anderes, als dass die sich stoßenden Teilchen, in denen sich die Welle fortpflanzt, mehr Masse besitzen und daher träger sind.

Ähnlich verhält es sich mit der Kompressibilität. Ist sie hoch, lassen sich die Teilchen leicht zusammenschieben und wollen nur langsam beziehungsweise mit sehr wenig Kraft in ihre ursprüngliche Position zurückgelangen, wodurch sich eine Kompressionswelle ebenfalls nur sehr langsam ausbreitet.

Puh! Das war eine Menge Physik auf einmal, zumal mit einem Kater, aber ab hier wird es wirklich einfacher.

Jedes Mal, wenn Inge mit dem Löffel auf den Boden ihrer Kaffeetasse stieß, breitete sich eine Schallwelle in der Tasse, oder besser gesagt: im Kaffee aus. Der immer höher werdende Ton bedeutet, dass sich die Frequenz der Schallwelle aus irgendeinem Grund verändert haben muss. Durch die ausführlichen Vorüberlegungen ahnt ihr natürlich schon, womit das Ganze zusammenhängt: mit der Schallgeschwindigkeit. Die Frequenz f einer Schallwelle ist durch folgende Gleichung mit der Ausbreitungsgeschwindigkeit c_{Schall} und der Wellenlänge λ der Welle verknüpft:

$$f = \frac{c_{Schall}}{\lambda}$$

Die Frequenz beziehungsweise die Tonhöhe ist also direkt abhängig von der Schallgeschwindigkeit und der Wellenlänge der Welle. Crawford hat sich nun zur Wellenlänge der Schallwelle, die sich in Inges Kaffeetasse ausbreitete, folgende Gedanken gemacht: Er ist in seinem Modell davon ausgegangen, dass der Boden der Kaffeetasse einen ortsfesten, also sich nicht bewegenden Punkt der Welle darstellt und der Übergang vom Kaffee zur Luft am oberen Ende der Tasse einen sich frei bewegenden Teil der Welle bildet. Des Weiteren nahm Crawford an, dass es sich bei den Schallwellen in der Kaffeetasse um stehende Wellen handelt. Ihr erinnert euch: Stehende Wellen kamen schon im Kapitel eins mit den gestoßenen Bierflaschen vor. Stehende Wellen entstehen immer dann, wenn ein Teil oder ein Vielfaches der Wellenlänge genau in den Resonanzraum passt, in dem sich die Welle ausbreitet. Unter diesen Rahmenbedingungen, also mit einem festen Ende unten und einem freien Ende oben, ist die längste Wellenlänge, also der tiefste Ton, der in den Raum der Tasse passt, genau viermal die Höhe der Tasse.

Wie hoch der Ton des an die Tasse schlagenden Löffels klingt, ist durch die feste Wellenlänge also nur noch von der Schallgeschwindigkeit und damit von der Kompressibilität und der Dichte des Kaffees abhängig. Da sich der Ton offensichtlich durch das Umrühren des Kaffees verändert, muss etwas mit der Kompressibilität oder der Dichte des Kaffees geschehen. Aber was?

Hier seht ihr die größte stehende Welle, die noch in den Kaffeebecher passt.

Als Inge den Kaffee umrührte, verteilte sie nicht nur die Milch im Kaffee, sondern rührte auch die Luftblasen des Milchschaums in die Flüssigkeit und änderte damit sowohl die Dichte des Kaffees als auch seine Kompressibilität. Da die Dichte von Kaffee oder Wasser ungefähr 800-mal so groß ist wie die von Luft und die Menge an Luft, die in den Kaffee gerührt wird, wirklich verschwindend gering ist, kann man die Änderung der Dichte guten Gewissens vernachlässigen. Bei der Kompressibilität sieht das aber anders aus. Die Kompressibilität von Luft ist ungefähr 15.000-mal so groß wie die von Wasser, und schon eine geringe Menge an Luft reicht aus, um die Kompressibilität des Kaffees massiv zu beeinflussen.

Man kann sich das folgendermaßen vorstellen: Durch das Umrühren werden die kleinen Luftblasen des Milchschaums homogen im gesamten Kaffee verteilt und bewirken, dass die vorher inkompressible Flüssigkeit plötzlich ein wenig kompressibel wird, da man die Luftbläschen, die im Kaffee verteilt sind, durchaus zusammendrücken kann. Wenn wir jetzt noch die von Crawford eingeführte Größe der Langsamkeit einer Schallwelle hinzuziehen, erkennen wir, dass eine Erhöhung der Kompressibilität auch bedeutet, dass sich eine Schallwelle langsamer ausbreiten kann.

$$S_{Schall} = \frac{1}{c_{Schall}^2} = \kappa \cdot \rho$$

Die Schallgeschwindigkeit wird durch die Einbringung von Luftbläschen in die Flüssigkeit also deutlich verlangsamt. Da die Wellenlänge mit dem Vierfachen der Tassenhöhe festgenagelt ist, muss sich daher mit einer Verringerung der Schallgeschwindigkeit zwangsläufig auch die Frequenz der Schallwelle verringern, was in einem tieferen Ton resultiert.

Durch die Kombination der im Vergleich zur Luft hohen Dichte von Kaffee und der im Vergleich zum Kaffee hohen Kompressibilität der Luft können durch ein Gemisch der beiden sogar Töne erzeugt werden, die tiefer liegen als die, die jeweils allein in Luft oder Wasser erzeugt werden können, da beide Eigenschaften zur Verringerung der Schallgeschwindigkeit beitragen.

Wir haben also eine Erklärung gefunden, warum der Ton des gegen die Tasse schlagenden Löffels unmittelbar nach dem Umrühren deutlich tiefer ist als vor dem Umrühren des Kaffees. Aber warum wird der Ton mit der Zeit plötzlich wieder höher, und das sogar bis zu mehrere Oktaven?

Als Inge aufhörte, in ihrem Kaffee herumzurühren, und nur noch mit dem Löffel gegen den Tassenboden klopfte, stiegen die Luftbläschen, die im Kaffee verteilt sind, langsam wieder an die Oberfläche, und der Bereich, in dem die Schallgeschwindigkeit durch die erhöhte Kompressibilität verringert wird, wurde nach und nach immer kleiner, bis sich keine Blasen mehr im Kaffee befanden. Der Ton steigt dadurch also nach und nach wieder.

Crawford ist diesem Phänomen allerdings bei der Zubereitung von heißem Kakao begegnet. An welcher Stelle wird hier bitte schön Luft in die Flüssigkeit gerührt? Schließlich gibt es bei heißer Schokolade doch gar keinen Milchschaum.

Tatsächlich aber ist der »Hot Chocolate Effect« bei heißen Getränken, bei denen ein Pulver in der Flüssigkeit gelöst wird, meist noch deutlicher zu hören als bei Kaffee mit Milchschaum. Die Luftbläschen kommen in diesem Fall nämlich mit dem Pulver in die Flüssigkeit. In einem kleinen Haufen Kakaopulver ist unglaublich viel Luft zwischen den einzelnen Pulverteilchen gefangen und wird in der Flüssigkeit verteilt, sobald man das Pulver verrührt. Ihr könnt dieses kleine Experiment also mit jeglicher Art von Kakao- oder Cappuccino-Pulver zu Hause testen und schauen, wie viele Oktaven ihr in eurem heißen Getränk heraushören könnt. Der Rekord von Crawford lag übrigens bei dreieinhalb Oktaven!

Mittlerweile wohne ich schon einige Jahre nicht mehr in der Kölner Straße, und auch Yuri, Inge, Tom und Mattes sind inzwischen über halb Deutschland verteilt, aber ich erinnere mich immer noch gern an meine WG-Zeit mit den verrückten Chaoten.

Tom hatte in Bezug auf Mattes damals übrigens noch recht behalten: Am zweiten Tag der Aufräumarbeiten stand vor jeder WG-Tür eine kleine Auswahl an bunten, liebevoll (oder hasserfüllt) dekorierter Törtchen, die Mattes in einer seiner nächtlichen Backsessions als Entschuldigung gezaubert hatte.

Insgesamt haben wir gut eine Woche gebraucht, um die Spuren der Party zu beseitigen und das Haus in seinen Ursprungszustand zurückzuversetzen. Ein paar Kleinigkeiten, wie die immer noch fehlenden Dachziegel, der große Rotweinfleck oder die Fischfetzen an der Fassade der Nachbarn sind auch heute noch recht deutlich zu erkennen und erinnern mich immer wieder an diesen großartigen Abend.

Diese Silvesterparty war definitiv eines der Highlights meiner WG-Zeit. Allerdings: neben dem Tattoowichteln, den zweimal 2.500 Pfandflaschen im Keller und dem Kartoffelsalat, der mit uns eingezogen und nach sieben Jahren wieder ausgezogen ist, nur eine von vielen wundervollen Geschichten, die ich mit diesen vier Wahnsinnigen erlebt habe.

Ich hoffe, ich konnte euch zeigen, dass uns Physik häufig auch dort begegnet, wo wir sie am wenigsten erwarten, und dass sie nicht nur langweilig und kompliziert ist, sondern manchmal auch unterhaltsam, einfach und extrem spannend sein kann. Vielleicht habt ihr jetzt auch Lust, in eurem Alltag etwas genauer hinzuschauen und euch zu fragen, wie etwas funktioniert oder warum etwas so ist, wie es ist.

Manchmal entdeckt man erst, wie faszinierend die Natur sein kann, wenn man als kleines dickes Kind dazu verdonnert wird, jeden Sonntag über einen Friedhof zu spazieren …

Dank

Ein Buch zu schreiben hat sich als deutlich schwerer herausgestellt, als ich es erwartet hätte. Ohne die Unterstützung vieler Freunde wäre es mir auch nicht möglich gewesen, dieses Buch zu beenden. Ich möchte mich daher bei allen bedanken, die mir geholfen haben, dieses Abenteuer zu bestehen.

Am meisten danke ich Sontka für ihre grenzenlose Geduld mit mir, die liebevoll gepackten Naschpakete und einen nicht enden wollenden Strom an Kaffee und Energiedrinks ... Ohne dich wäre dieses Buch mit Sicherheit nie erschienen.

Ein besonders großer Dank geht an den Ullstein Verlag und die Lektoren-Runde, die dieses Projekt begleitet und am Leben erhalten hat. Ich danke vor allem Marieke für ihre Hartnäckigkeit, Nina dafür, dass sie meine Geschichten lesbar und verständlich gemacht hat, und natürlich Katrin, die auf Umwegen doch noch meine Lektorin geworden ist, für die unglaublich angenehme Zusammenarbeit, lustige Telefonate und die hervorragende Betreuung.

Die WG in Essen Frohnhausen hat es zumindest in ähnlicher Zusammensetzung tatsächlich gegeben, und ich danke Thomas, Dino, Matti, Felix, Kyra, Bibo, Diana, Christian, Theo und Manfred für die wohl bisher beste Zeit meines Lebens in der Kölner Straße 13b.

Meinem guten Freund Nicolas danke ich für mittlerweile mehr als drei Jahre, in denen wir zusammen den Podcast *methodisch inkorrekt!* produzieren, dank dem ich auf die ein oder andere Perle, die ich in diesem Buch verarbeitet habe, gestoßen bin. Ohne Nicolas hätte ich mich wahrscheinlich nie auf eine Bühne gestellt.

Außerdem danke ich meinem Doktorvater Prof. Dr. Dr. h. c. Volker Buck, der es mir auch neben meiner Promotion immer ermöglicht hat, auf diesen Bühnen zu stehen.

Ein großer Dank geht natürlich auch an die Hörer besagten Podcasts, die dieses Buch schon mindestens ein Jahr in ihrer Amazon-Bestellübersicht ertragen haben und trotzdem den Glauben an ein Erscheinen nie verloren.

Basti, »Nadja« und Otto danke ich für einen Einblick in die Verlags- und Fernsehwelt, ihre Freundschaft und natürlich für die Einladung zu ihrer Hochzeit, zu der sie bis heute kein Geschenk von mir erhalten haben.

Micha danke ich für anregende Diskussionen zu diesem Buch, eine großartige Zeit im Labor, seine bedingungslose Hilfe und mindestens 100 Tassen Kaffee in der Duisburger Uni-Cafeteria.

Abgesehen von meinem Bruder Thomas, der schon im Rahmen der WG Erwähnung gefunden hat, danke ich außerdem seiner Verlobten Anja, die mich so viele Male auf der Couch der beiden geduldet hat, wenn ich mal wieder eine Übernachtungsmöglichkeit im Ruhrgebiet brauchte.

Dieter und Stefan danke ich für ihr Vertrauen in ein noch nicht fertiges Buch und die drei großartigen Monate in Hessen.

Ein riesiger Dank geht selbstverständlich auch an die komplette Science-Slam-Szene, die es jungen Wissenschaftlern ermöglicht, ihre Arbeit einem breiten Publikum vorzustellen, und zeigt, dass Wissenschaft auch einfach und unterhaltend sein kann. Im Besonderen danke ich Sveda, Tobias Glufke, Andre Lampe, Johannes Kretzschmar, Inga Marie Ramcke, Johannes von Borstel (Borsti), Julia Offe und natürlich Alex Dreppec, dem wir dieses wundervolle Format zu verdanken haben!

Miriam, Gregor, Esther, Janina und dem Goethe-Institut danke ich dafür, dass ich die letzten Seiten dieses Buchs in aller Ruhe am Strand von Nuevo Vallarta vollenden konnte, während es in Deutschland noch geschneit hat.

Pablo und Christine danke ich für ihre Ermutigungen, dass am Ende schon alles gut werden wird, und die stets offenen Türen der bevutaIT.

Meinem Kater Luke danke ich dafür, dass er mich die meiste Zeit über in seinem Lebensraum duldet und mir nachts gelegentlich sogar ein Kopfkissen übrig lässt.

Hartmut danke ich für seine Reisebegleitung, die Korrektur der Autokorrektur und seine stets sachlichen und emotionslosen Kommentare.

Zuletzt möchte ich noch den Menschen danken, die mich zu dem gemacht haben, der ich heute bin, meiner Familie. Vor allem danke ich meiner Mutter, die mich bei all meinen Projekten immer ermutigt hat, und meinen Geschwistern Martin, Beate, Ursula und Thomas, auf die ich mich immer verlassen konnte. Obwohl mein Vater das Erscheinen dieses Buches leider nicht mehr miterleben durfte, bin ich mir sicher, dass er verdammt stolz gewesen wäre, dass doch noch ein kleiner Teil dieses Buches auf seiner alten Schreibmaschine entstanden ist.

Giulia Enders

Darm mit Charme

Alles über ein unterschätztes Organ

Mit schwarz-weiß Illustrationen
von Jill Enders
288 Seiten. Klappenbroschur
Auch als eBook erhältlich.
www.ullstein-verlag.de

Ausgerechnet der Darm!

Das schwarze Schaf unter den Organen, das einem doch bisher eher unangenehm war. Aber dieses Image wird sich ändern. Denn Übergewicht, Depressionen und Allergien hängen mit einem gestörten Gleichgewicht der Darmflora zusammen. Das heißt umgekehrt: Wenn wir uns in unserem Körper wohl fühlen, länger leben und glücklicher werden wollen, müssen wir unseren Darm pflegen. Das legen die neuesten Forschungen nahe. In diesem Buch erklärt die junge Wissenschaftlerin Giulia Enders vergnüglich, welch ein hochkomplexes und wunderbares Organ der Darm ist. Er ist der Schlüssel zu Körper und Geist und eröffnet uns einen ganz neuen Blick durch die Hintertür.